MODELO DE PLAN DE ESTUDIOS EN SEGURIDAD FÍSICA NUCLEAR

Los siguientes Estados son Miembros del Organismo Internacional de Energía Atómica:

ALBANIA
ALEMANIA
ANGOLA
ANTIGUA Y BARBUDA
ARABIA SAUDITA
ARGELIA
ARGENTINA
ARMENIA
AUSTRALIA
AUSTRIA
AZERBAIYÁN
BAHAMAS
BAHREIN
BANGLADESH
BARBADOS
BELARÚS
BÉLGICA
BELICE
BENIN
BOLIVIA, ESTADO PLURINACIONAL DE
BOSNIA Y HERZEGOVINA
BOTSWANA
BRASIL
BRUNEI DARUSSALAM
BULGARIA
BURKINA FASO
BURUNDI
CABO VERDE
CAMBOYA
CAMERÚN
CANADÁ
COLOMBIA
COMORAS
CONGO
COREA, REPÚBLICA DE
COSTA RICA
CÔTE D'IVOIRE
CROACIA
CUBA
CHAD
CHILE
CHINA
CHIPRE
DINAMARCA
DJIBOUTI
DOMINICA
ECUADOR
EGIPTO
EL SALVADOR
EMIRATOS ÁRABES UNIDOS
ERITREA
ESLOVAQUIA
ESLOVENIA
ESPAÑA
ESTADOS UNIDOS
DE AMÉRICA
ESTONIA
ESWATINI
ETIOPÍA
FEDERACIÓN DE RUSIA
FIJI
FILIPINAS
FINLANDIA
FRANCIA
GABÓN
GAMBIA
GEORGIA
GHANA
GRANADA
GRECIA
GUATEMALA
GUINEA
GUYANA
HAITÍ
HONDURAS
HUNGRÍA
INDIA
INDONESIA
IRÁN, REPÚBLICA ISLÁMICA DEL
IRAQ
IRLANDA
ISLANDIA
ISLAS MARSHALL
ISRAEL
ITALIA
JAMAICA
JAPÓN
JORDANIA
KAZAJSTÁN
KENYA
KIRGUISTÁN
KUWAIT
LESOTHO
LETONIA
LÍBANO
LIBERIA
LIBIA
LIECHTENSTEIN
LITUANIA
LUXEMBURGO
MACEDONIA DEL NORTE
MADAGASCAR
MALASIA
MALAWI
MALÍ
MALTA
MARRUECOS
MAURICIO
MAURITANIA
MÉXICO
MÓNACO
MONGOLIA
MONTENEGRO
MOZAMBIQUE
MYANMAR
NAMIBIA
NEPAL
NICARAGUA
NÍGER
NIGERIA
NORUEGA
NUEVA ZELANDIA
OMÁN
PAÍSES BAJOS, REINO DE LOS
PAKISTÁN
PALAU
PANAMÁ
PAPUA NUEVA GUINEA
PARAGUAY
PERÚ
POLONIA
PORTUGAL
QATAR
REINO UNIDO DE GRAN BRETAÑA E IRLANDA DEL NORTE
REPÚBLICA ÁRABE SIRIA
REPÚBLICA CENTROAFRICANA
REPÚBLICA CHECA
REPÚBLICA DE MOLDOVA
REPÚBLICA DEMOCRÁTICA DEL CONGO
REPÚBLICA DEMOCRÁTICA POPULAR LAO
REPÚBLICA DOMINICANA
REPÚBLICA UNIDA DE TANZANÍA
RUMANIA
RWANDA
SAINT KITTS Y NEVIS
SAMOA
SAN MARINO
SAN VICENTE Y LAS GRANADINAS
SANTA LUCÍA
SANTA SEDE
SENEGAL
SERBIA
SEYCHELLES
SIERRA LEONA
SINGAPUR
SRI LANKA
SUDÁFRICA
SUDÁN
SUECIA
SUIZA
TAILANDIA
TAYIKISTÁN
TOGO
TONGA
TRINIDAD Y TABAGO
TÚNEZ
TURKMENISTÁN
TÜRKİYE
UCRANIA
UGANDA
URUGUAY
UZBEKISTÁN
VANUATU
VENEZUELA, REPÚBLICA BOLIVARIANA DE
VIET NAM
YEMEN
ZAMBIA
ZIMBABWE

El Estatuto del Organismo fue aprobado el 23 de octubre de 1956 en la Conferencia sobre el Estatuto del OIEA celebrada en la Sede de las Naciones Unidas (Nueva York); entró en vigor el 29 de julio de 1957. El Organismo tiene la Sede en Viena. Su principal objetivo es "acelerar y aumentar la contribución de la energía atómica a la paz, la salud y la prosperidad en el mundo entero".

COLECCIÓN DE SEGURIDAD FÍSICA NUCLEAR DEL OIEA Nº 12-T (Rev. 1)

MODELO DE PLAN DE ESTUDIOS EN SEGURIDAD FÍSICA NUCLEAR

ORIENTACIONES TÉCNICAS

ORGANISMO INTERNACIONAL DE ENERGÍA ATÓMICA
VIENA, 2024

Sección Editorial
Organismo Internacional de Energía Atómica
Vienna International Centre
PO Box 100
1400 Viena, Austria
Teléfono: +43 1 2600 22529 o 22530
Correo electrónico: sales.publications@iaea.org
www.iaea.org/es/publicaciones

Impreso por el OIEA en Austria
Noviembre de 2024
STI/PUB/1930

MODELO DE PLAN DE ESTUDIOS
EN SEGURIDAD FÍSICA NUCLEAR
OIEA, VIENA, 2024
STI/PUB/1930
ISBN 978-92-0-328423-3 (papel) | ISBN 978-92-0-328023-5 (pdf) |
ISBN 978-92-0-328123-2 (epub)
ISSN 2521-1803

PREFACIO

Rafael Mariano Grossi
Director General

La *Colección de Seguridad Física Nuclear del OIEA* proporciona orientaciones consensuadas a nivel internacional sobre todos los aspectos de la seguridad física nuclear para apoyar a los Estados en su empeño por cumplir sus responsabilidades en esta esfera. El OIEA establece y mantiene actualizadas estas orientaciones como parte de su función central de prestar apoyo y ejercer labores de coordinación en la esfera de la seguridad física nuclear a escala internacional.

La *Colección de Seguridad Física Nuclear del OIEA* se inició en 2006 y el OIEA la actualiza constantemente en cooperación con expertos de los Estados Miembros. En mi calidad de Director General, me comprometo a garantizar que el OIEA mantenga y mejore este conjunto integrado, exhaustivo y coherente de publicaciones de orientaciones sobre seguridad física de alta calidad, actualizadas, fáciles de usar y adecuadas a su finalidad. La correcta aplicación de estas orientaciones en el uso de la ciencia y la tecnología nucleares debería ofrecer un alto nivel de seguridad física nuclear y brindar la confianza necesaria para posibilitar el uso continuo de la tecnología nuclear en beneficio de todos.

La seguridad física nuclear es una responsabilidad nacional. La *Colección de Seguridad Física Nuclear del OIEA* complementa los instrumentos jurídicos internacionales sobre seguridad física nuclear y sirve de referencia mundial para ayudar a las partes a cumplir sus obligaciones. Si bien las orientaciones sobre seguridad física no son jurídicamente vinculantes para los Estados Miembros, se aplican ampliamente. Se han convertido en un punto de referencia indispensable y en un denominador común para la inmensa mayoría de los Estados Miembros que han adoptado estas orientaciones para utilizarlas en la reglamentación nacional con el objetivo de mejorar la seguridad física nuclear en la generación de energía nucleoeléctrica, los reactores de investigación y las instalaciones del ciclo del combustible, así como en las aplicaciones nucleares en la medicina, la industria, la agricultura y la investigación.

Las orientaciones que figuran en la *Colección de Seguridad Física Nuclear del OIEA* se basan en la experiencia práctica de sus Estados Miembros y se elaboran mediante consenso internacional. La participación de los miembros del Comité de Orientación sobre Seguridad Física Nuclear y de otras personas es especialmente importante, y doy las gracias a todas las personas que aportan sus conocimientos y experiencias a esta labor.

El OIEA también utiliza las orientaciones que figuran en la *Colección de Seguridad Física Nuclear del OIEA* cuando presta asistencia a los Estados

Miembros mediante sus misiones de examen y servicios de asesoramiento. Esto ayuda a los Estados Miembros en la aplicación de estas orientaciones y permite el intercambio de experiencias y conocimientos valiosos. Las observaciones recibidas sobre estas misiones y servicios, así como las enseñanzas extraídas de los eventos y la experiencia en el uso y la aplicación de las orientaciones sobre seguridad física, se tienen en cuenta durante su revisión periódica.

Estoy convencido de que las orientaciones que figuran en la *Colección de Seguridad Física Nuclear del OIEA* y su aplicación son una aportación inestimable para garantizar un alto nivel de seguridad física nuclear en el uso de la tecnología nuclear. Animo a todos los Estados Miembros a que promuevan y apliquen estas orientaciones, y a que colaboren con el OIEA para mantener su calidad en el presente y en el futuro.

NOTA EDITORIAL

Esta publicación no aborda cuestiones de responsabilidad, jurídica o de otra índole, por actos u omisiones por parte de persona alguna.

Las orientaciones publicadas en la Colección de Seguridad Física Nuclear del OIEA *no son vinculantes para los Estados, pero estos pueden ayudarse de ellas para cumplir las obligaciones que les incumben en virtud de instrumentos jurídicos internacionales y para asumir sus responsabilidades en materia de seguridad física nuclear dentro de su territorio. Las orientaciones en las que se usan formas verbales condicionales tienen por fin presentar buenas prácticas internacionales y señalar la existencia de un consenso internacional en el sentido de que es necesario que los Estados adopten las medidas recomendadas o medidas alternativas equivalentes.*

Los términos relacionados con la seguridad física han de entenderse según las definiciones contenidas en la publicación en que aparecen o en las orientaciones más generales que la publicación concreta en cuestión complementa. En los demás casos, las palabras se emplean con el significado que se les da habitualmente.

Los apéndices se consideran parte integrante de la publicación. El material que figura en un apéndice tiene la misma jerarquía que el texto principal. Los anexos, que se utilizan para dar ejemplos prácticos o facilitar información o explicaciones adicionales, no son parte integrante del texto principal.

Aunque se ha puesto gran cuidado en mantener la exactitud de la información contenida en esta publicación, ni el OIEA ni sus Estados Miembros asumen responsabilidad alguna por las consecuencias que puedan derivarse de su uso.

El uso de determinadas denominaciones de países o territorios no implica juicio alguno por parte de la entidad editora, el OIEA, sobre la situación jurídica de esos países o territorios, sus autoridades e instituciones o el trazado de sus fronteras.

La mención de nombres de empresas o productos específicos (se indiquen o no como registrados) no implica ninguna intención de violar derechos de propiedad ni debe interpretarse como una aprobación o recomendación por parte del OIEA.

ÍNDICE

1. INTRODUCCIÓN 1

Antecedentes (1.1–1.4) 1
Objetivo (1.5, 1.6) 2
Ámbito de aplicación (1.7–1.9) 3
Estructura (1.10) 3

2. PROGRAMA DE MAESTRÍA EN SEGURIDAD FÍSICA NUCLEAR (2.1, 2.2) 3

Estructura curricular (2.3–2.11) 4
Vías teóricas para la creación de una maestría en seguridad física nuclear en un ámbito especializado (2.12–2.17) 7
Metodología (2.18, 2.19) 14
Objetivos de aprendizaje del programa (2.20) 15
Dificultades que deben tenerse en cuenta (2.21, 2.22) 16

3. PROGRAMA DE CERTIFICACIÓN ACADÉMICA EN SEGURIDAD FÍSICA NUCLEAR (3.1–3.3) 17

REFERENCIAS 18

ANEXO I PROPUESTA DE MÓDULOS PARA UN PLAN DE ESTUDIOS DE MAESTRÍA EN SEGURIDAD FÍSICA NUCLEAR 19

ANEXO II PROPUESTAS DE MÓDULOS PARA UN PLAN DE ESTUDIOS DE UN PROGRAMA DE CERTIFICACIÓN EN SEGURIDAD FÍSICA NUCLEAR 150

1. INTRODUCCIÓN

ANTECEDENTES

1.1. Según la publicación *Objetivo y elementos esenciales del régimen de seguridad física nuclear de un Estado* [1] (*Colección de Seguridad Física Nuclear del OIEA Nº 20*), "el objetivo del régimen de seguridad física nuclear de un Estado es proteger a las personas, los bienes, la sociedad y el medio ambiente contra las consecuencias perjudiciales de un suceso relacionado con la seguridad física nuclear". Recae en el Estado la responsabilidad de cumplir este objetivo mediante el establecimiento, la implantación, el mantenimiento y el sostenimiento de un régimen de seguridad física nuclear aplicable a los materiales nucleares, otros materiales radiactivos, las instalaciones conexas y las correspondientes actividades que entran en la jurisdicción de ese Estado.

1.2. Ese régimen se puede reforzar mediante capacitación y enseñanza adecuadas a todos los niveles y en todas las organizaciones e instalaciones que se dedican a la seguridad física nuclear mediante la preparación de la próxima generación de profesionales inculcándoles conocimientos generales y especializados y dándoles a entender la importancia de la seguridad física nuclear.

1.3. La presente publicación tiene por objeto ayudar a los Estados a formular un modelo de plan de estudios en seguridad física nuclear. Complementa las siguientes publicaciones de *Recomendaciones de Seguridad Física Nuclear* y está en consonancia con ellas:

a) *Colección de Seguridad Física Nuclear del OIEA* Nº 13, *Recomendaciones de Seguridad Física Nuclear sobre la Protección Física de los Materiales y las Instalaciones Nucleares* (INFCIRC/225/Rev.5) [2];
b) *Colección de Seguridad Física Nuclear del OIEA* Nº 14, *Recomendaciones de Seguridad Física Nuclear sobre Materiales Radiactivos e Instalaciones Conexas* [3], y
c) *Colección de Seguridad Física Nuclear del OIEA* Nº 15, *Recomendaciones de Seguridad Física Nuclear sobre Materiales Nucleares y otros Materiales Radiactivos no sometidos a Control Reglamentario* [4].

1.4. La presente publicación es una versión actualizada de *Educational Programme in Nuclear Security*, *Colección de Seguridad Física Nuclear del OIEA Nº 12*, publicada en 2010, a la que sustituye[1]. Desde esa fecha, el conjunto de conocimientos en el ámbito de la seguridad física nuclear ha crecido sustantivamente, y la *Colección de Seguridad Física Nuclear del OIEA* se ha ampliado para abarcar más temas. En la primera revisión de la presente publicación se tienen en cuenta las orientaciones de la *Colección de Seguridad Nuclear del OIEA* publicadas entre 2010 y 2018, así como los comentarios formulados por la comunidad que conforma la Red Internacional de Enseñanza sobre Seguridad Física Nuclear (INSEN) y otros expertos internacionales.

OBJETIVO

1.5. La presente publicación va dirigida a proporcionar un modelo de plan de estudios que abarque todo el espectro de temas de seguridad física nuclear para un programa de maestría o un programa de certificación académica en seguridad física nuclear. Pueden utilizarla responsables de la elaboración de planes de estudios universitarios[2], así como el profesorado e instructores de instituciones académicas y otras instituciones de enseñanza que estén implantando o planteándose implantar programas educativos sobre seguridad física nuclear. También podría resultar útil a otras partes interesadas en la seguridad física nuclear, como responsables de la toma de decisiones, operadores, reguladores, organismos encargados de hacer cumplir la ley y otras entidades responsables de la seguridad física nuclear, así como, a título de recurso informativo, a los posibles alumnos.

1.6. El presente modelo de plan de estudios en seguridad física nuclear también se puede utilizar como recurso para facilitar la elaboración por las autoridades nacionales de un amplio programa nacional de desarrollo de los recursos humanos en materia de seguridad física nuclear que tenga como objetivo elaborar y mantener conocimientos y aptitudes pertinentes y respaldar al personal cualificado para hacer frente a los desafíos actuales y futuros en el ámbito de la seguridad física nuclear.

---

[1] INTERNATIONAL ATOMIC ENERGY AGENCY, Educational Programme in Nuclear Security, IAEA Nuclear Security Series No. 12, IAEA, Vienna (2010).

[2] En la presente publicación, se utiliza el término “universidad” para referirse a todas las instituciones de enseñanza superior que están acreditadas por sus autoridades para otorgar titulaciones académicas.

ÁMBITO DE APLICACIÓN

1.7. La presente publicación ofrece un marco sustantivo y estructural para un programa exhaustivo de maestría o programa de certificación académica en seguridad física nuclear. No aspira a sustituir ningún programa amplio de capacitación profesional en seguridad física nuclear.

1.8. En este plan de estudios se esbozan módulos que están directamente relacionados con la seguridad física nuclear. Se supone que el alumnado que accede a un programa de posgrado de seguridad física nuclear cuenta con conocimientos y entendimiento previos en torno a los conceptos y principios científicos necesarios para cumplir con éxito todos los requisitos académicos a fin de obtener un título de posgrado.

1.9. En la presente publicación se abarcan todas las esferas de la seguridad física nuclear expuestas en las publicaciones de la *Colección de Seguridad Nuclear del OIEA* por lo que se refiere a su contribución a este programa académico, como la protección física de materiales nucleares e instalaciones conexas, la seguridad física de otros materiales radiactivos e instalaciones y actividades conexas, la detección de material no sometido a control reglamentario y la respuesta a sucesos relacionados con la seguridad física nuclear, entre otros temas más específicos.

ESTRUCTURA

1.10. En la sección 2 se describen la estructura y la posible implantación del plan de estudios propuesto y se presenta un panorama general del programa de maestría recomendado. En la sección 3 figura un panorama general del programa de certificación académica. En el Anexo I se proporciona una breve descripción de cada módulo, los objetivos de aprendizaje pertinentes y un esquema de cada módulo. En el Anexo II figura un panorama general de un plan de estudios teórico de un programa de certificación en seguridad física nuclear.

2. PROGRAMA DE MAESTRÍA EN SEGURIDAD FÍSICA NUCLEAR

2.1. Dado el carácter multidisciplinario del ámbito de la seguridad física nuclear, puede que sea escaso el número de universidades que aplican por completo el programa universitario que se esboza en esta publicación. Por lo tanto, el plan de estudios que se presenta en esta publicación es un modelo con el que se pretende describir de forma exacta y exhaustiva el conjunto de conocimientos en el ámbito de la seguridad física nuclear existente en el momento de su aparición[3]. Las instituciones y facultades que deseen establecer un programa académico de ese tipo pueden optar por utilizar esta publicación de las siguientes maneras:

a) a fin de establecer un programa amplio de maestría en seguridad física nuclear que abarque todos los aspectos de la disciplina;
b) a fin de establecer o ampliar un programa de maestría existente en una disciplina conexa haciendo hincapié en la seguridad física nuclear en su conjunto o en parte;
c) a fin de ofrecer una diplomatura o certificación especializada en seguridad física nuclear como parte de un programa académico existente, y
d) a fin de ofrecer un curso o módulo sobre seguridad física nuclear para ampliar un plan de estudios existente.

2.2. En las secciones que siguen se describe un modelo de estructura curricular para ese tipo de programa universitario, vías teóricas para la creación de un programa de maestría en un ámbito especializado, la metodología, los objetivos de aprendizaje del programa y, por último, algunas cuestiones que las universidades deberían contemplar al ejecutar un programa de ese tipo.

ESTRUCTURA CURRICULAR

2.3. El modelo de plan de estudios se divide en cuatro partes: conocimientos previos exigidos; un módulo independiente: NS0. Introducción a la seguridad física nuclear; módulos troncales; y módulos de libre elección. Cada una de estas partes se analiza en las secciones siguientes.

Conocimientos previos exigidos

2.4. Cabe prever que el alumnado que curse una maestría en seguridad física nuclear tenga conocimientos previos demostrables en las siguientes materias:

a) NSPR1. Radiación ionizante, seguridad tecnológica y protección radiológica;

---

[3] Véase la referencia [5] para obtener más información sobre el establecimiento de planes de estudios en el ámbito nuclear y la referencia [6] para consultar un resumen de buenas prácticas en el ámbito de la enseñanza nuclear.

b) NSPR2. Métodos e instrumentos para medir materiales nucleares y otros materiales radiactivos;
c) NSPR3. Energía nuclear, ciclo del combustible nuclear y aplicaciones nucleares, y
d) NSPR4. Métodos de investigación científica.

2.5. Las universidades podrían incluir estos módulos dentro de la propuesta de programa universitario en seguridad física nuclear y solicitar al alumnado entrante que demostrara competencia en la materia mediante cursos previos o experiencia profesional o ambas cosas.

Módulo independiente: NS0. Introducción a la seguridad física nuclear

2.6. Este módulo está concebido a modo de panorama general del ámbito de la seguridad física nuclear en su totalidad; se presenta en un solo módulo que sería adecuado para incluirlo como introducción al ámbito de la seguridad física nuclear como parte de un programa académico o universitario conexo. Un ejemplo de uso de este módulo es proporcionar al alumnado que está cursando una maestría en ingeniería nuclear o en relaciones internacionales un panorama general amplio de la seguridad física nuclear en un solo módulo. En función de la naturaleza del programa académico existente, tal vez el profesorado desee poner de relieve algunas partes de este módulo y tratar otras de manera sucinta.

2.7. Este módulo no está concebido para que forme parte del programa amplio de maestría que se describe en el resto de esta publicación, pues ofrece la misma información en formato condensado y, por lo tanto, sería redundante.

Módulos troncales

2.8. Cabe esperar que el alumnado inscrito en un programa completo de maestría en seguridad física nuclear conforme al modelo de plan de estudios que se describe en esta publicación curse los siguientes módulos troncales:

a) NSC1. Marco jurídico, regulador e institucional de ámbito internacional y nacional en materia de seguridad física nuclear;
b) NSC2. Enfoque basado en el conocimiento de los riesgos en materia de seguridad física nuclear;
c) NSC3. Coordinación y cooperación de las partes interesadas a escala nacional e internacional;
d) NSC4. Gestión de la seguridad física nuclear en las instalaciones;
e) NSC5. Seguridad física de la información nuclear de carácter estratégico;

f) NSC6. Cultura de la seguridad física nuclear;
g) NSC7. Evaluación de las amenazas;
h) NSC8. Diseño y evaluación de sistemas de protección física;
i) NSC9. Tecnologías y equipo de protección física;
j) NSC10. Uso de la contabilidad y el control de los materiales nucleares (NMAC) en aras de la seguridad física nuclear;
k) NSC11. Prevención y protección frente a amenazas de agentes internos;
l) NSC12. Seguridad física de los materiales nucleares y otros materiales radiactivos durante su transporte;
m) NSC13. Seguridad informática para un mundo nuclear;
n) NSC14. Detección de actos delictivos u otros actos no autorizados que guardan relación con materiales nucleares y otros materiales radiactivos no sometidos a control reglamentario, y
o) NSC15. Respuesta a los actos delictivos u otros actos no autorizados que guardan relación con materiales nucleares y otros materiales radiactivos no sometidos a control reglamentario.

Módulos de libre elección

2.9. Los módulos de libre elección están pensados como complemento de los módulos troncales antes señalados a través de conocimientos especializados en diversos ámbitos de la seguridad física nuclear. La selección de módulos de libre elección por parte del alumno o de la institución dependerá de la decisión del alumno de especializarse en una esfera concreta de la seguridad física nuclear o del diseño del programa académico por parte de la institución. La universidad o el profesorado podrían complementar el listado de módulos de libre elección incluyendo otros módulos pertinentes para el programa universitario. Estos módulos de libre elección comprenden los siguientes:

a) NSE1. Interfaces entre la seguridad física nuclear y la seguridad tecnológica y las salvaguardias;
b) NSE2. Redacción jurídica en materia de seguridad física nuclear;
c) NSE3. Cooperación internacional en seguridad física nuclear;
d) NSE4. Elaboración y ejecución de una amenaza base de diseño (ABD);
e) NSE5. Evaluación de la vulnerabilidad de los sistemas de protección física;
f) NSE6. Autoevaluación y mejora en materia de cultura de la seguridad física nuclear;
g) NSE7. Diseño de sistemas de protección física para instalaciones nucleares y radiológicas;

h) NSE8. Contabilidad y control de materiales nucleares para centrales nucleares y reactores de investigación;
i) NSE9. Contabilidad y control de materiales nucleares para las instalaciones que procesan material nuclear;
j) NSE10. Establecimiento y ejecución de un plan de seguridad física del transporte;
k) NSE11. Diseño e implantación de una arquitectura nacional de detección;
l) NSE12. Mecanismo y régimen de control de las importaciones/exportaciones y del tránsito;
m) NSE13. Marco de seguridad física nuclear para grandes eventos públicos;
n) NSE14. Gestión del lugar del delito radiológico;
o) NSE15. Análisis criminalístico nuclear;
p) NSE16. Respuesta a incidentes de seguridad física de la información y seguridad informática, y
q) NSE17. Realización de evaluaciones de la seguridad informática.

2.10. En el cuadro 1 se presenta la distribución porcentual aproximada de diversos tipos de grupos de módulos de aprendizaje dentro de un programa universitario. Estos porcentajes también se han armonizado con dos tipos de sistemas de cálculo de los créditos académicos habituales en distintas partes del mundo: el sistema norteamericano de horas/crédito y el sistema europeo de transferencia y acumulación de créditos (ECTS). Por comodidad, se proporciona también una columna con estimaciones de las horas de estudio que el alumnado dedica a cada componente del programa. La información del cuadro no es prescriptiva; con ella se pretende únicamente aportar valores aproximados de la carga de trabajo específica, y las universidades pueden interpretar esa información al diseñar sus programas universitarios en función de sus necesidades reales.

2.11. La figura 1 representa un esquema de la estructura del plan de estudios del programa de maestría que se propone.

VÍAS TEÓRICAS PARA LA CREACIÓN DE UNA MAESTRÍA EN SEGURIDAD FÍSICA NUCLEAR EN UN ÁMBITO ESPECIALIZADO

2.12. En esta sección se introduce un conjunto de vías teóricas para la creación de una titulación de maestría que podría incorporar una especialización en seguridad física nuclear en uno de los distintos programas académicos ofrecidos habitualmente por universidades de todo el mundo.

CUADRO 1. DISTRIBUCIÓN PORCENTUAL APROXIMADA DE DIVERSOS TIPOS DE CONJUNTOS DE GRUPOS DE APRENDIZAJE DENTRO DE UN PROGRAMA DE MAESTRÍA

Módulos	Valor porcentual de la carga de trabajo total de la titulación	ECTS	Sistema norteamericano de horas/crédito	Contacto estimado en horas	Horas estimadas totales de la carga de trabajo del alumnado
Troncales					
Protección	20	24	7	160	500
Detección y respuesta	15	18	5	120	300
Temas transversales	20	24	7	160	500
Libre elección	25	30	8	200	600
Trabajo final / proyecto final	20	24	6	160	500
Total	100	120	33	800	2400

2.13. Dada la diversidad de sistemas educativos imperantes en todo el mundo y de mecanismos utilizados para evaluar y analizar esa demanda[4], sería imposible ofrecer en esta publicación una fórmula exacta que podrían seguir las universidades para diseñar y ejecutar un programa universitario satisfactorio y —lo que es más importante— sostenible en materia de seguridad física nuclear. Uno de los principales desafíos que deben superar las universidades en su camino para establecer un nuevo programa universitario es verificar que el análisis del mercado laboral demuestra la existencia de demanda a largo plazo para quienes obtengan titulación en la disciplina en cuestión. Para muchas universidades, encargarse de los procedimientos orientados a evaluar, establecer y analizar la

[4] Los enfoques de evaluación y análisis de las necesidades nacionales de licenciados con una maestría en seguridad física nuclear pueden ir desde una evaluación gubernamental de las necesidades nacionales de recursos humanos en materia seguridad física nuclear (que puede traducirse en financiación estatal para establecer y ejecutar un programa universitario específico) hasta un mecanismo basado en el mercado en el que las instituciones educativas realizan una evaluación a partir de un análisis del mercado laboral y de las previsiones de que aumente la demanda por el alumnado de titulaciones en una disciplina concreta. En realidad, dentro de un mismo país suele existir una combinación de varios enfoques.

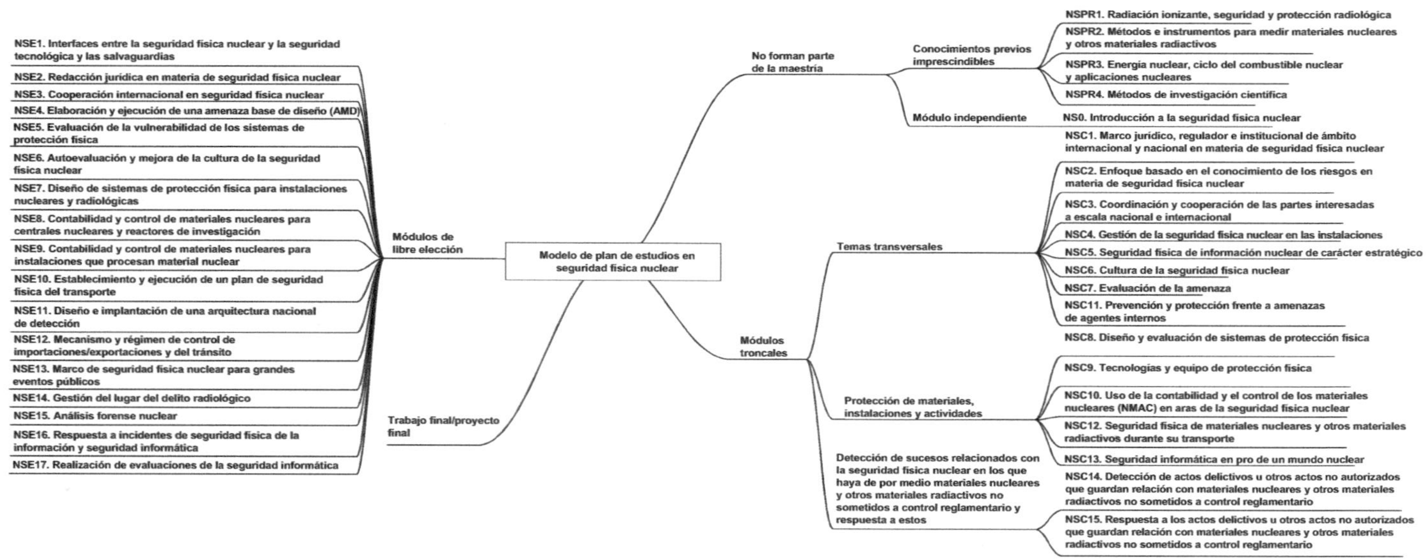

Figura 1. Estructura del modelo de plan de estudios en seguridad física nuclear.

necesidad y diseñar y ejecutar a continuación un nuevo programa académico que atienda dicha necesidad puede constituir una tarea muy extensa y pesada. Incluso en el caso de que una universidad ultimara con éxito este primer paso, una autoridad gubernamental u organismo de acreditación profesional debería aprobar la propuesta de plan de estudios y, a continuación, acreditarla periódicamente, lo cual suele suponer un calendario de cinco a diez años para el establecimiento de un programa universitario nuevo de ese tipo.

2.14. Además, la seguridad física nuclear es un ámbito de estudio multidisciplinario. Por lo tanto, la elaboración de un programa de maestría amplio en este ámbito requeriría la aportación y participación del profesorado y de expertos de multitud de disciplinas, facultades, departamentos y, en ocasiones, instituciones externas. Por estos motivos, muchas instituciones optan más bien por una vía mucho más flexible que consiste en incorporar el tema de la seguridad física nuclear en algún formato en los programas académicos ofrecidos por la institución que guardan relación con la seguridad física nuclear. Asimismo, es probable que sea más sostenible un programa que aproveche el marco de titulación existente en la universidad adaptándolo a un determinado grupo de posibles alumnos.

2.15. Existe un abanico de posibles esferas amplias de conocimientos especializados y ulteriores itinerarios profesionales para el alumnado que los funcionarios universitarios y el profesorado tal vez deseen tener en cuenta al tomar decisiones sobre el establecimiento de programas universitarios específicos sobre seguridad física nuclear en sus planes de estudios. Conociendo con claridad estas esferas de especialización y los ulteriores itinerarios profesionales se puede:

a) conseguir que el profesorado, los responsables de la elaboración del plan de estudios y los administradores de las universidades diseñen un programa que se ajuste de forma óptima a los programas universitarios existentes;
b) elaborar gracias a este conocimiento material promocional elaborado por estas universidades para atraer alumnos al programa, y
c) lograr que los posibles alumnos hagan uso de este conocimiento al tomar decisiones fundamentadas sobre si van a dedicarse laboralmente a la seguridad física nuclear, sobre todo ampliando el ámbito de dicha elección en las situaciones en las que habitualmente se supone que la seguridad física nuclear es un ámbito de estudio exclusivamente técnico.

2.16. La figura 2 muestra una representación gráfica de un abanico de posibles esferas de conocimientos especializados y ulteriores itinerarios profesionales que guardan relación con la seguridad física nuclear.

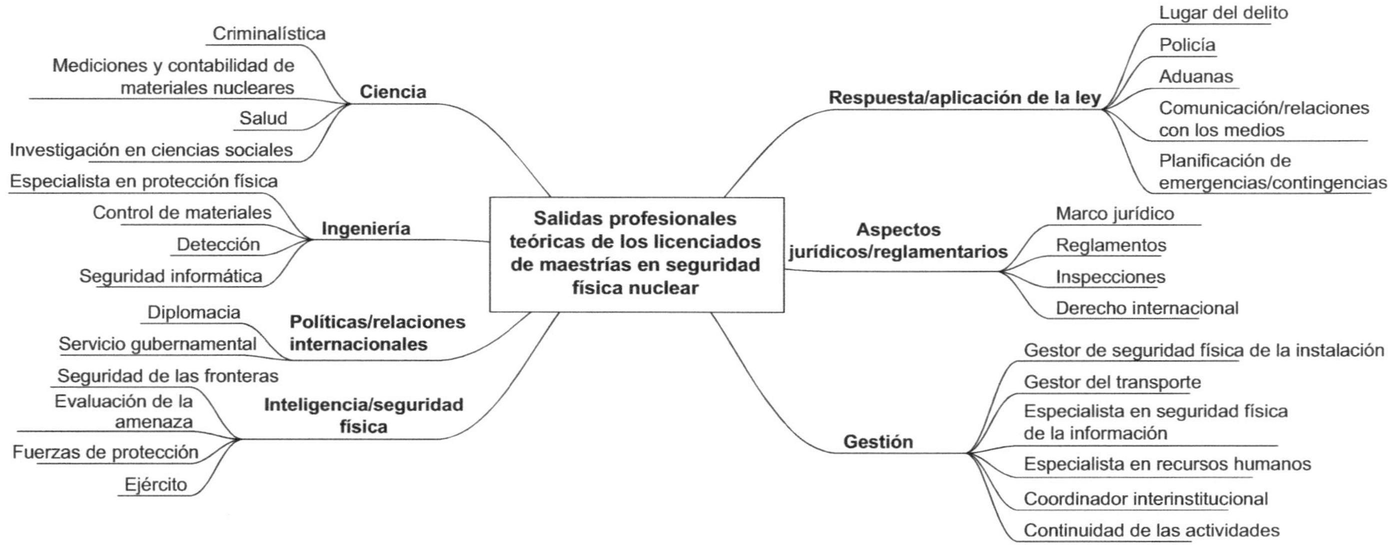

Figura 2. Salidas profesionales teóricas de los licenciados de maestrías en seguridad física nuclear.

2.17. En el cuadro 2 se presentan referencias cruzadas de estas esferas de especialización con módulos troncales y de libre elección pertinentes, así como posibles proyectos de fin de maestría. El profesorado y los responsables de la elaboración de planes de estudios en la universidad podrían utilizar este cuadro como herramienta en el marco del diseño de un programa que fusione el programa universitario existente tanto con los módulos troncales como con los de libre elección del modelo de plan de estudios propuesto.

CUADRO 2. VÍAS TEÓRICAS HACIA UNA MAESTRÍA EN SEGURIDAD FÍSICA NUCLEAR COMO PARTE DE UN ÁMBITO ESPECIALIZADO, CON MÓDULOS DE LIBRE ELECCIÓN RECOMENDADOS

Especialidades	Módulos troncales (55 %)	Módulos de libre elección (25 %)	Trabajo final / proyecto final (20 %)
Ingeniería	Las instituciones que ofrezcan una maestría en seguridad física nuclear deberían incluir en su programa de estudios todos los módulos troncales, con independencia de la disciplina principal en relación con la cual se ofrezca el programa. No obstante, sería aconsejable equilibrar la carga (porcentaje) de cada módulo troncal con respecto a la temática central del programa deseada.	NSE4. Elaboración y ejecución de una amenaza base de diseño (ABD) NSE5. Evaluación de la vulnerabilidad de los sistemas de protección física NSE7. Diseño de sistemas de protección física para instalaciones nucleares y radiológicas NSE11. Diseño y ejecución de una arquitectura nacional de detección NSE16. Respuesta a incidentes de seguridad física de la información y seguridad informática NSE17. Realización de evaluaciones de la seguridad informática	Trabajo final (de maestría) o trabajo o proyecto final (de maestría en ingeniería)
Aspectos jurídicos/ reglamentarios		NSE1. Interfaces entre la seguridad física nuclear y la seguridad tecnológica y las salvaguardias NSE2. Redacción jurídica en materia de seguridad física nuclear NSE3. Cooperación internacional en seguridad física nuclear NSE12. Mecanismo y régimen de control de las importaciones/ exportaciones y del tránsito	Trabajo final/ ensayo

CUADRO 2. VÍAS TEÓRICAS HACIA UNA MAESTRÍA EN SEGURIDAD FÍSICA NUCLEAR COMO PARTE DE UN ÁMBITO ESPECIALIZADO, CON MÓDULOS DE LIBRE ELECCIÓN RECOMENDADOS (cont.)

Especialidades	Módulos troncales (55 %)	Módulos de libre elección (25 %)	Trabajo final / proyecto final (20 %)
Ciencia		NSE15. Análisis criminalístico nuclear	Trabajo final
Políticas/ relaciones internacionales		NSE1. Interfaces entre la seguridad física nuclear y la seguridad tecnológica y las salvaguardias NSE2. Redacción jurídica en materia de seguridad física nuclear NSE3. Cooperación internacional en seguridad física nuclear	Trabajo final para los exámenes de aptitud de la maestría/ proyecto final para titulaciones más avanzadas
Respuesta/ aplicación de la ley		NSE10. Establecimiento y ejecución de un plan de seguridad física del transporte NSE12. Mecanismo y régimen de control de las importaciones/ exportaciones y del tránsito NSE13. Marco de seguridad física nuclear para grandes eventos públicos NSE14. Gestión del lugar del delito radiológico NSE15. Análisis criminalístico nuclear	Trabajo final de maestría
Gestión		NSE1. Interfaces entre la seguridad física nuclear y la seguridad tecnológica y las salvaguardias NSE3. Cooperación internacional en seguridad física nuclear NSE6. Autoevaluación y mejora en materia de cultura de la seguridad física nuclear NSE7. Diseño de sistemas de protección física para instalaciones nucleares y radiológicas NSE10. Establecimiento y ejecución de un plan de seguridad física del transporte NSE11. Diseño y ejecución de una arquitectura nacional de detección	Trabajo final de maestría MBA

CUADRO 2. VÍAS TEÓRICAS HACIA UNA MAESTRÍA EN SEGURIDAD FÍSICA NUCLEAR COMO PARTE DE UN ÁMBITO ESPECIALIZADO, CON MÓDULOS DE LIBRE ELECCIÓN RECOMENDADOS (cont.)

Especialidades	Módulos troncales (55 %)	Módulos de libre elección (25 %)	Trabajo final / proyecto final (20 %)
Inteligencia/ seguridad física		NSE1. Interfaces entre la seguridad física nuclear y la seguridad tecnológica y las salvaguardias NSE3. Cooperación internacional en seguridad física nuclear NSE4. Elaboración y ejecución de una amenaza base de diseño (ABD) NSE5. Evaluación de la vulnerabilidad de los sistemas de protección física NSE10. Establecimiento y ejecución de un plan de seguridad física del transporte NSE13. Marco de seguridad física nuclear para grandes eventos públicos NSE17. Realización de evaluaciones de la seguridad informática	Trabajo final de maestría

METODOLOGÍA

2.18. En la mayoría de las universidades, para completar programas de posgrado los alumnos tienen que estar físicamente presentes en la universidad para asistir a las clases, los ejercicios prácticos y los exámenes. Varios factores hacen que un programa universitario en seguridad física nuclear sea un caso especial en el que puede que el alumnado no tenga que estar físicamente presente para completar el programa:

a) la complejidad y el carácter multidisciplinario del ámbito de la seguridad física nuclear, que puede que exija coordinación con otros departamentos o instructores;
b) la disponibilidad de expertos técnicos externos que podrían ser invitados, si bien puede que no pudieran encajar en el calendario académico tradicional, lo que haría necesario ofrecer contenido lectivo en módulos cortos de 1 a 2 semanas de duración;

c) el hecho de que la mayoría de los posibles alumnos del programa de maestría en seguridad física nuclear podrían proceder de la profesión nuclear y tal vez se dediquen profesionalmente a ese ámbito a tiempo completo, y
d) la disponibilidad de programas universitarios en seguridad física nuclear en el ámbito local o incluso regional podría ser bastante baja, lo que haría que los alumnos y los empleadores tuviesen que buscar oportunidades educativas a escala mundial.

2.19. Estos desafíos no son exclusivos de la enseñanza en seguridad física nuclear. Para hacerles frente en situaciones semejantes, muchas universidades ofrecen programas de posgrado a profesionales que están en fases iniciales e intermedias de su carrera profesional adaptándose a sus limitaciones en cuanto al tiempo disponible y a la capacidad de acudir físicamente a la universidad. En esos programas se utilizan íntegramente innovaciones en materia de tecnología de la información, realidad virtual, videoconferencias, medios sociales y otros métodos de proporcionar e intercambiar información. Algunas universidades también ofrecen opciones de aprendizaje mixtas que incluyen diversos tipos de aprendizaje a distancia, visitas cortas al campus principal para acudir a exámenes y a labores prácticas o de laboratorio, consorcios diversos y otros acuerdos entre universidades para ofrecer titulaciones conjuntas y reconocer créditos y otras opciones. Las universidades que se proponen elaborar y ofrecer programas de enseñanza en seguridad física nuclear tal vez deberían contemplar todas estas posibilidades demostradas y sostenibles para establecer sus programas.

OBJETIVOS DE APRENDIZAJE DEL PROGRAMA

2.20. Tras finalizar un programa de maestría en seguridad física nuclear, cabe esperar que los licenciados tengan, al menos, los siguientes atributos profesionales:

a) entendimiento conceptual de un régimen nacional de seguridad física nuclear, sus objetivos y componentes, sistemas y las diversas interacciones entre estos, así como las medidas necesarias para establecer y sostener un régimen de seguridad física nuclear;
b) conocimiento y entendimiento de los principios, los supuestos, las herramientas y el equipo necesarios para proteger los materiales nucleares, así como otros materiales radiactivos, las instalaciones conexas, las computadoras y redes, las actividades y la información conexa;
c) concienciación y estima de las amenazas que entrañan los materiales nucleares y otros materiales radiactivos no sometidos a control

reglamentario, así como conocimiento de las herramientas necesarias para hacer frente a estas amenazas a nivel nacional;

d) reconocimiento de la importancia de los factores humanos en la seguridad física nuclear, como la cultura de la seguridad física nuclear y la amenaza interna;

e) concienciación y comprensión del marco jurídico internacional relacionado con la seguridad física nuclear, así como de las leyes, los reglamentos y los procedimientos nacionales pertinentes, y

f) capacidad de aplicar de forma creativa los conceptos, atributos y métodos científicos señalados para encontrar y aplicar soluciones a los desafíos a la seguridad física nuclear.

DIFICULTADES QUE DEBEN TENERSE EN CUENTA

2.21. Las universidades que se propongan establecer programas educativos en seguridad física nuclear tal vez deban hacer frente a dos dificultades importantes, aparte de la elaboración del plan de estudios. La primera dificultad se refiere a la disponibilidad de instructores cualificados para impartir enseñanza en la mayoría —si no en la totalidad— de las esferas de la seguridad física nuclear. Esta cuestión se puede abordar mediante las diversas opciones señaladas antes con respecto a los distintos enfoques metodológicos de enseñanza. Además, el intercambio entre los Estados de experiencias, recursos y buenas prácticas de enseñanza en materia de seguridad física nuclear encierra gran valor, así como lo encierran los cursos para el desarrollo del profesorado que ofrecen instituciones y académicos con más experiencia.

2.22. La segunda dificultad se refiere a la disponibilidad de laboratorios bien equipados con fines de uso en entornos educativos. Para esta tarea, lo idóneo sería utilizar los laboratorios que ya están disponibles en los departamentos de física nuclear o de ingeniería. Sin embargo, son pocos los que cuentan con el equipo y los instrumentos especializados que podrían necesitarse en un programa educativo amplio en seguridad física nuclear. Una de las opciones que podría ayudar a las universidades a hacer frente a esta dificultad sería establecer una alianza con un centro de apoyo a la seguridad física nuclear nacional o regional, de estar disponible. En algunos casos, estos centros cuentan con un inventario amplio de equipo destinado a capacitación.

3. PROGRAMA DE CERTIFICACIÓN ACADÉMICA EN SEGURIDAD FÍSICA NUCLEAR

3.1. Una certificación académica en seguridad física nuclear se distingue de un curso de capacitación por el hecho de que no va dirigido a enseñar a los participantes una competencia particular ni a transmitir conocimientos y competencias necesarios para desempeñar una determinada función laboral. En cambio, un programa de ese tipo podría servir como opción para que las universidades y otras instituciones educativas ofrezcan conocimientos especializados en esta esfera a alumnos matriculados actualmente en un programa universitario o a alumnos adultos en calidad de certificación o diploma universitario complementario de sus credenciales académicas actuales.

3.2. En este contexto, también es importante distinguir una certificación académica (que aquí se propone) de una certificación profesional. En el primer caso, se imparte al alumnado un conjunto de conocimientos en una esfera que, por lo general, guarda relación con su principal esfera de estudio a fin de ampliar sus conocimientos generales y sus cualificaciones en una materia especializada. En cambio, en el segundo caso se ofrece una certificación profesional reconocida por un gobierno o una organización de acreditación o certificación profesional que el receptor tal vez necesite para desempeñar servicios profesionales en ese ámbito. Ejemplo de esa certificación sería una licencia para manejar materiales radiactivos, explosivos, tóxicos o peligrosos de otros tipos. Esa certificación va ligada a los conocimientos, las competencias y la experiencia que se esperan de un profesional en dicho ámbito, así como a las tareas laborales asignadas al profesional en cuestión.

3.3. La presente publicación ofrece un modelo de certificación académica en seguridad física nuclear que una universidad puede utilizar para ampliar el abanico de servicios educativos que ofrece a los alumnos. Reconociendo plenamente que muchas universidades y sistemas educativos tratan esos programas de forma diferente y que pueden asignar un valor distinto a la certificación final, no se especifican para este programa una denominación estándar, la duración, el número de horas lectivas necesarias para su finalización ni otros requisitos que las universidades tal vez deseen imponer a sus alumnos. En cambio, en el Anexo II se resume un esquema de programa teórico de certificación académica en seguridad física nuclear que incluye el conjunto de conocimientos idóneo para su inclusión en el plan de estudios de un programa de certificación.

REFERENCIAS

[1] ORGANISMO INTERNACIONAL DE ENERGÍA ATÓMICA, *Objetivo y elementos esenciales del régimen de seguridad física nuclear de un Estado, Colección de Seguridad Física Nuclear del OIEA* Nº 20, OIEA, Viena, 2014.

[2] ORGANISMO INTERNACIONAL DE ENERGÍA ATÓMICA, *Recomendaciones de Seguridad Física Nuclear sobre la Protección Física de los Materiales y las Instalaciones Nucleares (INFCIRC/225/Rev.5), Colección de Seguridad Física Nuclear del OIEA* Nº 13, OIEA, Viena, 2012.

[3] ORGANISMO INTERNACIONAL DE ENERGÍA ATÓMICA, *Recomendaciones de Seguridad Física Nuclear sobre Materiales Radiactivos e Instalaciones Conexas, Colección de Seguridad Física Nuclear del OIEA* Nº 14, OIEA, Viena, 2012.

[4] OFICINA EUROPEA DE POLICÍA, ORGANISMO INTERNACIONAL DE ENERGIA ATÓMICA, ORGANIZACIÓN DE AVIACIÓN CIVIL INTERNACIONAL, ORGANIZACIÓN INTERNACIONAL DE POLICÍA CRIMINAL–INTERPOL, INSTITUTO INTERREGIONAL DE LAS NACIONES UNIDAS PARA INVESTIGACIONES SOBRE LA DELINCUENCIA Y LA JUSTICIA, OFICINA DE LAS NACIONES UNIDAS CONTRA LA DROGA Y EL DELITO, ORGANIZACIÓN MUNDIAL DE ADUANAS, *Recomendaciones de Seguridad Física Nuclear sobre Materiales Nucleares y otros Materiales Radiactivos no Sometidos a Control Reglamentario, Colección de Seguridad Física Nuclear del OIEA* Nº 15, OIEA, Viena, 2012.

[5] INTERNATIONAL ATOMIC ENERGY AGENCY, Nuclear Engineering Education: A Competence Based Approach to Curricula Development, IAEA Nuclear Energy Series No. NG-T-6.4, IAEA, Vienna (2014).

[6] INTERNATIONAL ATOMIC ENERGY AGENCY, Status and Trends in Nuclear Education, IAEA Nuclear Energy Series No. NG-T-6.1, IAEA, Vienna (2011).

Anexo I

PROPUESTA DE MÓDULOS PARA UN PLAN DE ESTUDIOS DE MAESTRÍA EN SEGURIDAD FÍSICA NUCLEAR

I-1. En el presente anexo se proporciona una breve descripción y esquema de cada módulo, así como los objetivos de aprendizaje pertinentes de cada uno de los módulos del plan de estudios de una maestría en seguridad física nuclear. Cuando procede, se enumeran ejercicios prácticos o de laboratorio y se proponen publicaciones de referencia. Las referencias no son exhaustivas, puesto que, en su mayor parte, se limitan a instrumentos jurídicos internacionales pertinentes (convenciones, tratados, resoluciones del Consejo de Seguridad de las Naciones Unidas), publicaciones de la *Colección de Seguridad Física Nuclear del OIEA* y publicaciones y recursos semejantes. Por ello, los responsables de la elaboración de planes de estudios universitarios de distintos países pueden recomendar otras publicaciones nacionales o internacionales que consideren pertinentes para los temas de los cursos.

CONOCIMIENTOS PREVIOS EXIGIDOS

I-2. Para conocer plenamente la importancia, el alcance, los principios, el diseño y la aplicación de las medidas de seguridad física nuclear a distintos niveles, aplicar métodos científicos durante el programa de maestría y, en última instancia, licenciarse con éxito del programa, los posibles alumnos deben tener conocimientos básicos previos sobre radiación, el ciclo del combustible nuclear, la detección y la medición de radiaciones y la metodología de la investigación científica. Esta sección tiene por objeto señalar la importancia de estos conocimientos previos exigidos y esbozar su posible alcance. Estos conocimientos previos exigidos se representan en los módulos propuestos que se enumeran en este anexo. Estos módulos sirven de introducción a los conceptos y principios de la radiación ionizante, la seguridad tecnológica nuclear y la protección radiológica, métodos e instrumentos de medición del material nuclear, aspectos básicos de la energía nuclear, el ciclo del combustible y las aplicaciones nucleares, así como a los métodos de investigación científica.

I-3. Si bien estos módulos tienen mucha importancia para el contexto global del programa de maestría en seguridad física nuclear, su contenido abarca cuestiones más amplias que la esfera de la seguridad física nuclear, por lo que quedan excluidas de manera específica del modelo de plan de estudios propuesto.

Otro de los motivos de esta exclusión es el hecho de que muchas universidades tienen limitaciones en cuanto al tiempo y el número de módulos académicos que pueden incluir en un programa de maestría amplio. En cambio, confían en la labor académica previa de los posibles alumnos en el marco de un programa de grado, que les proporciona los conocimientos científicos básicos necesarios para cursar con éxito estudios especializados de posgrado.

I-4. Se supone que una universidad, en última instancia, tomaría decisiones con respecto al formato, el alcance y el nivel de los conocimientos previos que el solicitante debe demostrar, así como sobre si va a ofrecer estos módulos como parte del plan de estudios de la maestría prevista o si va a solicitar su ultimación previa. Por lo tanto, para estos módulos no se presentan esquemas, puesto que se supone que la universidad determinará su contenido (ofrecido o solicitado).

I-5. Entre los módulos de conocimientos previos exigidos que se proponen figuran los siguientes:

a) NSPR1. Radiación ionizante, seguridad tecnológica y protección radiológica;
b) NSPR2. Métodos e instrumentos para medir materiales nucleares y otros materiales radiactivos;
c) NSPR3. Energía nuclear, ciclo del combustible nuclear y aplicaciones nucleares, y
d) NSPR4. Métodos de investigación científica.

MÓDULO INDEPENDIENTE

NS0. INTRODUCCIÓN A LA SEGURIDAD FÍSICA NUCLEAR

A. Breve descripción

Se trata de un módulo independiente introductorio concebido para su inclusión en planes de estudios cuya temática central no sea la seguridad física nuclear. Se centra en los elementos básicos de la seguridad física nuclear, examina los métodos de planificación, ejecución y evaluación de las actividades de seguridad física nuclear a nivel estatal y de las instalaciones y el establecimiento de una cultura de la seguridad física nuclear y de medidas de seguridad física de la información y de seguridad informática en distintos tipos de instalaciones nucleares y radiológicas.

B. Objetivos del aprendizaje

Al término de este módulo, el alumno podrá:

a) describir los principales conceptos y enfoques de la seguridad física nuclear empleando una terminología adecuada;
b) exponer las interrelaciones de la seguridad física nuclear con la seguridad tecnológica y las salvaguardias;
c) enumerar los elementos esenciales del régimen de seguridad física nuclear de un Estado, y
d) demostrar la importancia de la seguridad física nuclear.

C. Esquema del módulo

1. Introducción sobre la seguridad física nuclear: marco jurídico internacional e instituciones conexas
    - 1.1. Metas y objetivos
    - 1.2. Definiciones básicas
    - 1.3. Interrelaciones entre la seguridad tecnológica, la seguridad física y las salvaguardias
    - 1.4. Elementos esenciales de la seguridad física nuclear
    - 1.5. Responsabilidad del Estado en materia de seguridad física nuclear
    - 1.6. Instrumentos jurídicos internacionales vinculantes y no vinculantes
    - 1.7. Orientaciones y recomendaciones internacionales en materia de seguridad física nuclear
    - 1.8. Instituciones y cooperación internacionales
2. Enfoque basado en el conocimiento de los riesgos en materia de seguridad física nuclear
    - 2.1. Concepto y evaluación de la amenaza
        - 2.1.1. La amenaza nuclear a lo largo de la historia
            - 2.1.1.1. Distinción entre amenaza de guerra nuclear y de actos terroristas y otras actividades delictivas relacionadas con material nuclear
            - 2.1.1.2. Evolución y evaluación de la amenaza a lo largo de los siglos XX y XXI
            - 2.1.1.3. Conceptos, modelos e instrumentos de evaluación de la amenaza
        - 2.1.2. Atributos de los posibles adversarios
            - 2.1.2.1. Motivos y objetivos
            - 2.1.2.2. Capacidades

2.1.2.3. Oportunidades
2.1.2.4. Táctica y métodos
2.1.2.5. Recursos
2.1.2.6. Ejemplos de adversarios
2.1.2.7. Amenaza de agentes internos frente a externos
2.1.3. Evaluación de amenazas, vulnerabilidades y consecuencias
2.2. Determinación y evaluación de posibles blancos y consecuencias
2.2.1. Cuatro hipótesis principales de sucesos relacionados con la seguridad física nuclear
2.2.1.1. Robo de un arma nuclear
2.2.1.2. Adquisición de material nuclear y elaboración de un dispositivo nuclear explosivo
2.2.1.3. Sabotaje a una instalación nuclear o transporte de material nuclear u otro material radiactivo
2.2.1.4. Elaboración de un dispositivo de dispersión radiactiva (DDR) o de un dispositivo de exposición a la radiación (DER)
2.2.2. Posibles blancos
2.2.2.1. Instalaciones nucleares
2.2.2.2. Instalaciones que utilizan fuentes radiactivas
2.2.2.3. Actividades relacionadas con material nuclear (p. ej., transporte)
2.2.3. La seguridad física nuclear como parte del espectro químico, biológico, radiológico y nuclear (QBRN) en general
3. Gestión de la seguridad física nuclear
3.1. Coordinación y cooperación de las partes interesadas a escala nacional e internacional
3.1.1. Coordinación y cooperación internacionales
3.1.2. Coordinación y cooperación interinstitucional a escala nacional
3.1.3. Participación de la industria
3.1.4. Comunicación con el público
3.2. Gestión de la seguridad física nuclear en las instalaciones
3.3. Seguridad física de la información
3.4. El factor humano en la seguridad física nuclear
3.4.1. Cultura de la seguridad física nuclear: concepto, evaluación y mejora
3.4.2. Prevención y protección frente a amenazas de agentes internos
3.4.2.1. Programas de probidad y fiabilidad
3.4.3. Desarrollo y gestión de recursos humanos

4. Protección del material, las instalaciones y las actividades
    4.1. Principios y sistemas para la protección física de una instalación nuclear o radiológica
        4.1.1. Creación de una política visible de seguridad física
        4.1.2. Funciones y responsabilidades claras
        4.1.3. Sistemas de protección física
            4.1.3.1. Amenaza base de diseño
            4.1.3.2. Principios, diseño y evaluación de la protección física
            4.1.3.3. Equipo de protección física
            4.1.3.4. Medidas de respuesta y comunicación en caso de alarmas
        4.1.4. Planes de contingencia y simulacros
    4.2. Contabilidad y control de materiales nucleares (NMAC) para la seguridad física nuclear
        4.2.1. Diferencias entre los programas de NMAC internacionales y nacionales
        4.2.2. Función de la NMAC en el uso, almacenamiento y el procesamiento del material nuclear y protección frente a las amenazas de agentes internos y externos
        4.2.3. Gestión del sistema de NMAC
            4.2.3.1. Organización y estructura
            4.2.3.2. Funciones y responsabilidades
            4.2.3.3. Control de la calidad
        4.2.4. Contabilidad de materiales nucleares
            4.2.4.1. Zonas de balance de materiales
            4.2.4.2. Realización del inventario físico del material nuclear
            4.2.4.3. Contabilidad de las diferencias en el inventario
            4.2.4.4. Prácticas de mantenimiento de registros
        4.2.5. Controles del material nuclear
            4.2.5.1. Regla de la actuación en pareja
            4.2.5.2. Dispositivos de indicación de manipulación ilícita
            4.2.5.3. Medidas de protección física con fines de control
            4.2.5.4. Pórticos detectores de radiación y otros dispositivos de detección
            4.2.5.5. Comprobaciones administrativas
        4.2.6. Traslado de material nuclear
            4.2.6.1. Envío, entradas, diferencias remitente/destinatario, transferencias y reubicaciones

4.2.7. Control de inventarios de otros materiales radiactivos
4.2.7.1. Práctica de gestión prudente
4.2.8. Mediciones
4.2.8.1. Análisis destructivo
4.2.8.2. Análisis no destructivo
4.2.8.3. Estadística de las mediciones y control de la calidad de las mediciones
4.2.9. Detección, investigación y resolución de anomalías e irregularidades
4.2.10. Evaluación y análisis del rendimiento del sistema de NMAC
4.3. Seguridad física de materiales nucleares y otros materiales radiactivos durante su transporte
4.3.1. Seguridad física del transporte de materiales nucleares
4.3.1.1. Objetivos y elementos de las labores dirigidas a dotar de seguridad el transporte de material nuclear
4.3.1.2. Caracterización del material nuclear para la aplicación de la seguridad física en el transporte
4.3.1.3. Regímenes de protección física para el transporte de material nuclear
4.3.1.4. Medidas contra la retirada no autorizada de material nuclear durante su transporte
4.3.1.5. Localización y recuperación del material nuclear desaparecido o robado durante el transporte
4.3.1.6. Protección y mitigación de las consecuencias del sabotaje del transporte
4.3.2. Seguridad física del transporte de otros materiales radiactivos
4.3.2.1. Diseño y evaluación de medidas de seguridad física
4.3.2.2. Niveles de seguridad física de otros materiales radiactivos durante el transporte
4.3.2.3. Medidas de seguridad física en el transporte de otros materiales radiactivos
5. Detección de sucesos relacionados con la seguridad física nuclear en los que haya de por medio materiales nucleares y otros materiales radiactivos no sometidos a control reglamentario y respuesta a estos
5.1. Prevención y detección de actos delictivos u otros actos no autorizados que guardan relación con materiales nucleares y otros materiales radiactivos no sometidos a control reglamentario
5.1.1. Medidas preventivas
5.1.2. Arquitectura de detección
5.1.3. Detección mediante instrumentos
5.1.4. Alertas informativas

5.1.5. Evaluación inicial
5.1.6. Sostenibilidad
5.2. Respuesta a los actos delictivos u otros actos no autorizados que guardan relación con materiales nucleares y otros materiales radiactivos
5.2.1. Evaluación de alarmas y alertas
5.2.2. Notificación de sucesos relacionados con la seguridad física nuclear
5.2.3. Recogida y manipulación de pruebas
5.2.4. Criminalística nuclear
5.2.5. Plan nacional de respuesta
5.2.6. Estado de preparación
5.2.7. Sostenibilidad
6. Seguridad informática
6.1. Introducción a conceptos de seguridad informática
6.2. La ciberamenaza
6.3. Conocimientos avanzados sobre políticas, programas y reglamentos de seguridad informática y controles de la seguridad informática
6.4. La ciberamenaza de agentes internos
6.5. Aspectos básicos de la seguridad física de las redes
6.6. Introducción a los programas maliciosos y *exploits*
6.7. Sistemas de control industrial
6.8. Cultura de la seguridad física e impacto del factor humano
6.9. Realización de evaluaciones de la seguridad informática
6.10. Evaluación y gestión del riesgo
6.11. Gestión de la seguridad informática
6.12. Respuesta a incidentes de seguridad informática

D. Ejercicios

En este módulo se pueden utilizar ejercicios de otros módulos respectivos del presente plan de estudios.

E. Trabajo de laboratorio

Para este módulo no se proponen trabajos de laboratorio.

F. Lecturas recomendadas

INSTITUTO INTERREGIONAL DE LAS NACIONES UNIDAS PARA INVESTIGACIONES SOBRE LA DELINCUENCIA Y LA JUSTICIA, OFICINA DE LAS NACIONES UNIDAS CONTRA LA DROGA Y EL DELITO,

OFICINA EUROPEA DE POLICÍA, ORGANISMO INTERNACIONAL DE ENERGÍA ATÓMICA, ORGANIZACIÓN DE AVIACIÓN CIVIL INTERNACIONAL, ORGANIZACIÓN INTERNACIONAL DE POLICÍA CRIMINAL–INTERPOL, ORGANIZACIÓN MUNDIAL DE ADUANAS, *Recomendaciones de Seguridad Física Nuclear sobre Materiales Nucleares y otros Materiales Radiactivos no Sometidos a Control Reglamentario, Colección de Seguridad Física Nuclear del OIEA* Nº 15, OIEA, Viena, 2012.

EUROPEAN POLICE OFFICE, INTERNATIONAL ATOMIC ENERGY AGENCY, INTERNATIONAL POLICE ORGANIZATION, WORLD CUSTOMS ORGANIZATION, Combating Illicit Trafficking in Nuclear and Other Radioactive Material, IAEA Nuclear Security Series No. 6, IAEA, Vienna (2007).

ORGANISMO INTERNACIONAL DE ENERGÍA ATÓMICA (Viena).

Código de Conducta sobre la Seguridad Tecnológica y Física de las Fuentes Radiactivas, 2004.

Amendment to the Convention on the Physical Protection of Nuclear Material, IAEA International Law Series No. 2 (2006).

Cultura de la seguridad física nuclear, Colección de Seguridad Física Nuclear del OIEA Nº 7, 2017.

Recomendaciones de Seguridad Física Nuclear sobre la Protección Física de los Materiales y las Instalaciones Nucleares (INFCIRC/225/Rev.5), Colección de Seguridad Física Nuclear del OIEA Nº 13, 2012.

Recomendaciones de Seguridad Física Nuclear sobre Materiales Radiactivos e Instalaciones Conexas, Colección de Seguridad Física Nuclear del OIEA Nº 14, 2012.

Identification of Vital Areas at Nuclear Facilities, IAEA Nuclear Security Series No. 16, 2012.

Sistemas y medidas de seguridad física nuclear para grandes eventos públicos, Colección de Seguridad Física Nuclear del OIEA Nº 18, 2018.

Establecimiento de la infraestructura de seguridad física nuclear para un programa nucleoeléctrico, Colección de Seguridad Física Nuclear del OIEA Nº 19, 2018.

Objetivo y elementos esenciales del régimen de seguridad física nuclear de un Estado, Colección de Seguridad Física Nuclear del OIEA, Nº 20, 2014.

Sistemas y medidas de seguridad física nuclear para la detección de material nuclear y otro material radiactivo no sometido a control reglamentario, Colección de Seguridad Física Nuclear del OIEA Nº 21, 2020.

Criminalística nuclear en apoyo de las investigaciones, Colección de Seguridad Física Nuclear Nº 2-G (Rev. 1), 2022.

Seguridad física de la información nuclear, Colección de Seguridad Física Nuclear del OIEA Nº 23-G, 2018.

Empleo de la contabilidad y el control de materiales nucleares con fines de seguridad física nuclear en las instalaciones, Colección de Seguridad Física Nuclear del OIEA Nº 25-G, 2019.

Seguridad física de los materiales nucleares durante el transporte, Colección de Seguridad Física Nuclear del OIEA Nº 26-G, 2021.

Seguridad física de los materiales radiactivos durante su uso y almacenamiento y de las instalaciones conexas, Colección de Seguridad Física Nuclear del OIEA Nº 11-G (Rev. 1), 2022.

Medidas de prevención y de protección contra las amenazas de agentes internos, Colección de Seguridad Física Nuclear del OIEA Nº 8-G (Rev. 1), 2022.

La seguridad física de los materiales radiactivos durante su transporte, Colección de Seguridad Física Nuclear del OIEA Nº 9-G (Rev. 1), 2022.

Evaluación nacional de amenazas para la seguridad física nuclear, amenazas base de diseño y declaraciones de amenazas representativas, Colección de Seguridad Física Nuclear del OIEA Nº 10-G (Rev. 1), 2022.

Computer Security Techniques for Nuclear Facilities, IAEA Nuclear Security Series No. 17-T (Rev. 1) (en preparación).

ORGANISMO INTERNACIONAL DE ENERGÍA ATÓMICA, ORGANIZACIÓN INTERNACIONAL DE POLICÍA CRIMINAL-INTERPOL, *Enfoque basado en el conocimiento de los riesgos en materia de medidas de seguridad física nuclear para los materiales nucleares y otros materiales radiactivos no sometidos a control reglamentario*, *Colección de Seguridad Física Nuclear del OIEA* Nº 24-G, OIEA, Viena, 2022.

ORGANISMO INTERNACIONAL DE ENERGÍA ATÓMICA, ORGANIZACIÓN INTERNACIONAL DE POLICÍA CRIMINAL–INTERPOL, INSTITUTO INTERREGIONAL DE LAS NACIONES UNIDAS PARA INVESTIGACIONES SOBRE LA DELINCUENCIA Y LA JUSTICIA, *Gestión de la escena de un delito radiológico*, *Colección de Seguridad Física Nuclear del OIEA* Nº 22-G, OIEA, Viena, 2019.

INTERNATIONAL NUCLEAR SECURITY EDUCATION NETWORK, Introduction to Nuclear Security, INSEN, Vienna (2019).

Convención sobre la Protección Física de los Materiales Nucleares, INFCIRC/274/Rev. 1, OIEA, Viena, 1980.

Nuclear Verification and Security of Material: Physical Protection Objectives and Fundamental Principles, GOV/2001/41, IAEA, Vienna (2001).

Resolución 1373 del Consejo de Seguridad de las Naciones Unidas, S/RES/1373, Naciones Unidas, Nueva York, 2001.

Resolución 1540 del Consejo de Seguridad, S/RES/1540, Naciones Unidas, Nueva York, 2004.

Seguridad física nuclear – Medidas de protección contra el terrorismo nuclear: Enmienda de la Convención sobre la Protección Física de los Materiales Nucleares, GOV/INF/2005/10-GC(49)/INF/6, OIEA, Viena, 2005.

Convenio Internacional para la Represión de los Actos de Terrorismo Nuclear, A/RES/59/290, Naciones Unidas, Nueva York, 2005.

NSC1. MARCO JURÍDICO, REGULADOR E INSTITUCIONAL DE ÁMBITO INTERNACIONAL Y NACIONAL EN MATERIA DE SEGURIDAD FÍSICA NUCLEAR

A. Breve descripción

Este módulo está diseñado para presentar a los alumnos el marco jurídico, regulador e institucional de ámbito internacional y nacional en materia de seguridad física nuclear. En él se tratan las cuestiones de la responsabilidad del Estado en materia de seguridad física nuclear y se centra la atención en los tratados y convenciones multilaterales existentes, las resoluciones del Consejo de Seguridad de las Naciones Unidas, las orientaciones y recomendaciones del OIEA relativas a la seguridad física nuclear y los principios y prácticas nacionales en materia jurídica y reglamentaria. El módulo también ofrece un panorama general de las organizaciones, las instituciones y las iniciativas internacionales existentes en el ámbito de la seguridad física nuclear.

B. Objetivos del aprendizaje

Al término de este módulo, el alumno podrá:

a) demostrar que entiende la responsabilidad del Estado en materia de seguridad física nuclear como principio básico;
b) demostrar que conoce los instrumentos jurídicos internacionales vinculantes y no vinculantes en relación con la seguridad física nuclear;
c) conocer las principales organizaciones y entidades de otro tipo internacionales y nacionales que intervienen en la seguridad física nuclear y la función que desempeñan;
d) conocer el alcance de las orientaciones y recomendaciones internacionales relativas a la seguridad física nuclear, y
e) demostrar que entiende la infraestructura de reglamentación nacional relativa a la seguridad física nuclear.

C. Esquema del módulo

1. La función de la legislación en la implantación de la seguridad física nuclear
   1.1. Derecho internacional

1.1.1. Introducción al marco jurídico internacional en materia de seguridad física nuclear
1.1.2. Elaboración del marco jurídico internacional en materia de seguridad física nuclear
1.1.3. Panorama general del marco institucional internacional relativo a la seguridad física nuclear
1.1.4. Panorama general de los instrumentos internacionales
1.2. Derecho interno
1.2.1. Régimen de seguridad física nuclear: objetivo y elementos esenciales
1.2.2. Panorama general del marco jurídico nacional en materia de seguridad física nuclear
2. Instrumentos internacionales jurídicamente vinculantes
2.1. Obligaciones basadas en tratados
2.1.1. Convención sobre la Protección Física de los Materiales Nucleares
2.1.2. Enmienda de 2005 de la Convención sobre la Protección Física de los Materiales Nucleares
2.1.3. Convenio Internacional para la Represión de los Actos de Terrorismo Nuclear
2.1.4. Otros tratados multilaterales de importancia para la seguridad física nuclear
2.2. Otras obligaciones jurídicamente vinculantes
2.2.1. Resolución 1540 del Consejo de Seguridad
2.2.2. Resolución 1373 del Consejo de Seguridad
2.2.3. Resolución 1970 del Consejo de Seguridad
3. Otras obligaciones pertinentes basadas en tratados
3.1. Convención sobre la Pronta Notificación de Accidentes Nucleares
3.2. Convención sobre Asistencia en caso de Accidente Nuclear o Emergencia Radiológica
4. Instrumentos internacionales jurídicamente no vinculantes
4.1. Código de Conducta sobre Seguridad Tecnológica y Física de las Fuentes Radiactivas
4.2. Orientaciones sobre la Importación y Exportación de Fuentes Radiactivas
5. Orientaciones y recomendaciones del OIEA
5.1. *Nociones fundamentales* (*Colección de Seguridad Física Nuclear del OIEA* Nº 20)
5.2. *Recomendaciones* (*Colección de Seguridad Física Nuclear del OIEA* números 13 a 15)
5.3. *Guías de Aplicación*
5.4. *Orientaciones Técnicas*

6. Marco institucional internacional
    6.1. Organismo Internacional de Energía Atómica
    6.2. Otros organismos y organizaciones internacionales
    6.3. Iniciativas multilaterales
7. Marco nacional
    7.1. Marco jurídico nacional de seguridad física nuclear
    7.2. Codificación de compromisos internacionales en el derecho interno
    7.3. Asignación de responsabilidades
    7.4. Órgano regulador y reglamentos relacionados con la seguridad física nuclear
    7.5. Responsabilidades de otros organismos y partes interesadas
    7.6. Establecimiento de requisitos para la concesión de licencias y sanciones en caso de infracción (de carácter administrativo y penal)
    7.7. Acción coercitiva

D. Ejercicios

Para este módulo no se proponen ejercicios.

E. Trabajo de laboratorio

Para este módulo no se proponen trabajos de laboratorio.

F. Lecturas recomendadas

ORGANISMO INTERNACIONAL DE ENERGÍA ATÓMICA (Viena).

Estatuto del Organismo Internacional de Energía Atómica (con las enmiendas hasta el 28 de diciembre de 1989)

Physical Protection of Nuclear Materials: Experience in Regulation, Implementation and Operations (Proc. Int. Conf. Vienna, 1997) (1998).

Código de Conducta sobre la Seguridad Tecnológica y Física de las Fuentes Radiactivas, 2004.

Directrices sobre la Importación y Exportación de Fuentes Radiactivas, 2012.

STOIBER, C., BAER, A., PELZER, N., TONHAUSER, W., *Manual de derecho nuclear*, OIEA, Viena, 2006.

Tratado sobre la No Proliferación de las Armas Nucleares, INFCIRC/140, OIEA, Viena, 1970.

Convención sobre la Protección Física de los Materiales Nucleares, INFCIRC/274/Rev. 1, OIEA, Viena, 1980.

Communications Received from Members Regarding the Export of Nuclear Material and of Certain Categories of Equipment and Other Material, INFCIRC/209/Rev. 1, IAEA, Vienna (1990).

Modelo de Protocolo Adicional al (a los) Acuerdo(s) entre el (los) Estado(s) y el Organismo Internacional de Energía Atómica para la Aplicación de Salvaguardias, INFCIRC/540/Corr.1, OIEA, Viena, 1998.

Nuclear Verification and Security of Material: Physical Protection Objectives and Fundamental Principles, GOV/2001/41, IAEA, Vienna (2001).

Resolución 1373 del Consejo de Seguridad de las Naciones Unidas, S/RES/1373, Naciones Unidas, Nueva York, 2001.

Resolución 1540 del Consejo de Seguridad, S/RES/1540, Naciones Unidas, Nueva York, 2004.

Convenio Internacional para la Represión de los Actos de Terrorismo Nuclear, A/RES/59/290, Naciones Unidas, Nueva York, 2005.

Seguridad física nuclear – Medidas de protección contra el terrorismo nuclear: Enmienda de la Convención sobre la Protección Física de los Materiales Nucleares, GOV/INF/2005/10-GC(49)/INF/6, OIEA, Viena, 2005.

Comunicaciones recibidas de diversos Estados Miembros relativas a las directrices para las transferencias de equipos, materiales y programas informáticos (software) de doble uso del ámbito nuclear y tecnología relacionada, INFCIRC/254/Rev. 6/Part 2, OIEA, Viena, 2005.

Comunicaciones recibidas de ciertos Estados Miembros relativas a las directrices para la exportación de materiales, equipos y tecnología nucleares, INFCIRC/254/Rev.7/Part 1, Viena, 2005.

Amendment to the Convention on the Physical Protection of Nuclear Material, IAEA International Law Series No. 2 (2006).

Convenio sobre Aviación Civil Internacional (Convenio de Chicago), novena edición, OACI, Montreal, 2006.

Código Marítimo Internacional de Mercancías Peligrosas (incluidas las enmiendas 39-18), OMI, Londres, 2018.

NSC2. ENFOQUE BASADO EN EL CONOCIMIENTO DE LOS RIESGOS EN MATERIA DE SEGURIDAD FÍSICA NUCLEAR

A. Breve descripción

Este módulo está pensado para presentar a los alumnos los conceptos de amenaza y riesgo y la función que cumplen en la evaluación, el análisis y el diseño de medidas dirigidas a proteger los materiales nucleares y otros materiales radiactivos, las instalaciones y las actividades y para proporcionarles instrumentos analíticos a fin de realizar análisis de amenazas y riesgos en relación con la seguridad física nuclear.

B. Objetivos del aprendizaje

Al término de este módulo, el alumno podrá:

a) describir la evolución de los conceptos de amenaza y riesgo;
b) diferenciar entre amenaza y riesgo;
c) señalar posibles situaciones hipotéticas de amenaza y blancos en el ámbito estatal y de las instalaciones;
d) identificar los atributos de los posibles adversarios, y
e) describir el proceso y las metodologías para analizar y realizar evaluaciones de las amenazas y los riesgos (en función del alcance del módulo que elija el instructor).

C. Esquema del módulo

1. Determinación y evaluación de la amenaza
   - 1.1. Distinción entre amenaza de guerra nuclear y de actos terroristas y otras actividades delictivas relacionadas con material nuclear
   - 1.2. Distinción entre amenazas en el ámbito de las instalaciones y del Estado y enfoques
   - 1.3. Evolución y evaluación de la amenaza a lo largo de los siglos XX y XXI

1.4. Supuestos, metodologías y factores en la evaluación de la amenaza
1.4.1. Definición de amenazas
1.4.2. Supuesto operacional para la evaluación de la amenaza
1.4.3. Abanico de posibles amenazas genéricas
1.4.4. Amenaza de disturbios y protestas civiles
1.4.5. Lista de características de las amenazas
1.4.6. Fuentes y análisis de información relacionada con las amenazas
1.4.7. Amenazas externas
1.4.8. Amenazas internas
1.4.9. Examen de actos de amenaza reales, planificados y posibles
1.4.9.1. Eventos, eventos de capacitación y planificación de eventos
1.4.9.2. Detección de sucesos de carácter químico, biológico radiológico y nuclear (QBRN) o semejante
1.4.9.3. Necesidad de reevaluación permanente
1.4.10. Examen de las amenazas conocidas
1.4.11. Análisis de datos relacionados con las amenazas
1.4.11.1. Lista de atributos y características de las amenazas
1.4.11.2. Confianza asignada a los datos y análisis
1.4.12. Aplicación práctica de la evaluación de la amenaza con respecto a los actos dolosos
1.4.13. Amenaza base de diseño
1.5. Atributos de los posibles adversarios
1.5.1. Motivos y objetivos
1.5.2. Capacidades
1.5.3. Oportunidades
1.5.4. Tácticas y métodos
1.5.5. Recursos
1.5.6. Ejemplos de adversarios
1.5.7. Amenaza de agentes internos frente a externos
2. Determinación y evaluación de posibles blancos y consecuencias
2.1. Cuatro hipótesis principales de sucesos relacionados con la seguridad física nuclear
2.1.1. Robo de un arma nuclear
2.1.2. Adquisición de material nuclear y elaboración de un dispositivo nuclear explosivo
2.1.3. Sabotaje a una instalación nuclear o transporte de material nuclear o material radiactivo de otro tipo
2.1.4. Elaboración de un dispositivo de dispersión radiactiva (DDR) o de un dispositivo de exposición a la radiación (DER)

2.2. Consecuencias de las infracciones de la seguridad física que no desembocan en un suceso nuclear o radiológico
    2.2.1. Reputacionales
    2.2.2. Políticas
    2.2.3. Económicas
    2.2.4. Sociales y psicológicas
2.3. Posibles blancos
    2.3.1. Instalaciones nucleares
    2.3.2. Instalaciones que utilizan fuentes radiactivas
    2.3.3. Actividades relacionadas con material nuclear (p. ej., transporte)

3. Modelización y cálculo del riesgo
    3.1. Relación entre amenaza y riesgo
    3.2. Metodologías de evaluación del riesgo
        3.2.1. Registro del riesgo
        3.2.2. Evaluación probabilista del riesgo
        3.2.3. Determinación de las probabilidades de situaciones hipotéticas de riesgo
    3.3. Análisis de incertidumbre
    3.4. Utilización de enfoques basados en el conocimiento de los riesgos

D. Ejercicios

i) Ejercicio de cálculo probabilista del riesgo.
ii) Elaboración de una amenaza base de diseño hipotética basada en información simulada:
  — en el ámbito del Estado;
  — en el ámbito de las instalaciones, y
  — evaluación permanente (metodología PHVA: planificar, hacer, verificar, actuar).
iii) Elaborar una lista de las posibles consecuencias de sucesos hipotéticos relacionados con la seguridad física nuclear.

E. Trabajo de laboratorio

Para este módulo no se proponen trabajos de laboratorio.

F. Lecturas recomendadas

INSTITUTO INTERREGIONAL DE LAS NACIONES UNIDAS PARA INVESTIGACIONES SOBRE LA DELINCUENCIA Y LA JUSTICIA,

OFICINA DE LAS NACIONES UNIDAS CONTRA LA DROGA Y EL DELITO, OFICINA EUROPEA DE POLICÍA, ORGANISMO INTERNACIONAL DE ENERGÍA ATÓMICA, ORGANIZACIÓN DE AVIACIÓN CIVIL INTERNACIONAL, ORGANIZACIÓN INTERNACIONAL DE POLICÍA CRIMINAL–INTERPOL, ORGANIZACIÓN MUNDIAL DE ADUANAS, *Recomendaciones de Seguridad Física Nuclear sobre Materiales Nucleares y otros Materiales Radiactivos no Sometidos a Control Reglamentario, Colección de Seguridad Física Nuclear del OIEA* Nº 15, OIEA, Viena, 2012.

GARCIA, M.L., Vulnerability Assessment of Physical Protection Systems, Butterworth-Heinemann, Oxford (2006).

— The Design and Evaluation of Physical Protection Systems, 2nd edn, Butterworth-Heinemann, Oxford (2008).

ORGANISMO INTERNACIONAL DE ENERGÍA ATÓMICA (Viena).

Recomendaciones de Seguridad Física Nuclear sobre la Protección Física de los Materiales y las Instalaciones Nucleares (INFCIRC/225/Rev.5), Colección de Seguridad Física Nuclear del OIEA Nº 13, 2012.

Recomendaciones de Seguridad Física Nuclear sobre Materiales Radiactivos e Instalaciones Conexas, Colección de Seguridad Física Nuclear del OIEA Nº 14, 2012.

Identification of Vital Areas at Nuclear Facilities, IAEA Nuclear Security Series No. 16, 2012.

Sistemas y medidas de seguridad física nuclear para grandes eventos públicos, Colección de Seguridad Física Nuclear del OIEA Nº 18, 2018.

Objetivo y elementos esenciales del régimen de seguridad física nuclear de un Estado, Colección de Seguridad Física Nuclear del OIEA, Nº 20, 2014.

Sistemas y medidas de seguridad física nuclear para la detección de material nuclear y otro material radiactivo no sometido a control reglamentario, Colección de Seguridad Física Nuclear del OIEA Nº 21, 2020.

Seguridad física de la información nuclear, Colección de Seguridad Física Nuclear del OIEA Nº 23-G, 2018.

Medidas de prevención y de protección contra las amenazas de agentes internos, Colección de Seguridad Física Nuclear del OIEA Nº 8-G (Rev. 1), 2022.

Evaluación nacional de amenazas para la seguridad física nuclear, amenazas base de diseño y declaraciones de amenazas representativas, Colección de Seguridad Física Nuclear del OIEA Nº 10-G (Rev. 1), 2022.

Computer Security Techniques for Nuclear Facilities, IAEA Nuclear Security Series No. 17-T (Rev. 1) (en preparación).

ORGANISMO INTERNACIONAL DE ENERGÍA ATÓMICA, ORGANIZACIÓN INTERNACIONAL DE POLICÍA CRIMINAL-INTERPOL, *Enfoque basado en el conocimiento de los riesgos en materia de medidas de seguridad física nuclear para los materiales nucleares y otros materiales radiactivos no sometidos a control reglamentario, Colección de Seguridad Física Nuclear del OIEA* Nº 24-G, OIEA, Viena, 2022.

ROPER, C., FISCHER, L., GRAU, J.A., Security Education, Awareness and Training: From Theory to Practice, Elsevier, Oxford (2006).

TALBOT, J., JAKEMAN, M., Security Risk Management: Body of Knowledge, John Wiley and Sons, Hoboken, NJ (2009).

NSC3. COORDINACIÓN Y COOPERACIÓN DE LAS PARTES INTERESADAS A ESCALA NACIONAL E INTERNACIONAL

A. Breve descripción

En este módulo se proporciona un panorama general de los esfuerzos de cooperación entre distintos organismos nacionales y de coordinación internacional en caso de incidentes nucleares y radiológicos. Se dedicará tiempo considerable al estudio prioritario de la cooperación con otras organizaciones competentes como sello distintivo de los esfuerzos en materia de seguridad física nuclear, sobre todo en casos de incidentes químicos, biológicos, radiológicos o nucleares (QBRN) combinados o cuando se trata de una bomba sucia. Además, se hará hincapié en que la seguridad física nuclear es y seguirá siendo responsabilidad nacional y en que algunos países aún carecen de los programas y los recursos necesarios para responder adecuadamente a la amenaza del terrorismo nuclear y radiológico. Este módulo abarca la cooperación internacional esencial para ayudar a los Estados a fortalecer sus capacidades nacionales y a crear redes regionales y mundiales para combatir las amenazas transnacionales.

B. Objetivos del aprendizaje

Al término de este módulo, el alumno podrá:

a) identificar distintas partes interesadas nacionales e internacionales en el ámbito de la seguridad física nuclear y describir la función que desempeñan al respecto;
b) demostrar aptitudes de establecimiento y mantenimiento de relaciones de cooperación entre las partes interesadas a escala nacional e internacional, y
c) describir la importancia de la cooperación internacional y el compromiso nacional en el marco de la promoción de la seguridad física nuclear eficaz.

C. Esquema del módulo

1. Coordinación y cooperación interinstitucional a escala nacional
   - 1.1. Funciones y responsabilidades de los órganos reguladores, los operadores y las organizaciones de respuesta a emergencias en el ámbito nuclear y radiológico
   - 1.2. Coordinación nacional de partes interesadas durante todo el ciclo de vida de las instalaciones e infraestructuras nucleares
     - 1.2.1. Centrales nucleares
     - 1.2.2. Operadores de fuentes radiactivas
     - 1.2.3. Transporte
     - 1.2.4. Almacenamiento
     - 1.2.5. Extracción
     - 1.2.6. Fabricación de combustible
     - 1.2.7. Reprocesamiento
     - 1.2.8. Enriquecimiento
   - 1.3. Coordinación de medidas nacionales de detección de materiales nucleares y otros materiales radiactivos no sometidos a control reglamentario
     - 1.3.1. Aduanas y seguridad fronteriza
     - 1.3.2. Políticas
     - 1.3.3. Ámbito militar
     - 1.3.4. Inteligencia
   - 1.4. Coordinación de las medidas de respuesta a los sucesos relacionados con la seguridad física nuclear

        - 1.4.1. Cumplimiento de la ley
        - 1.4.2. Cuerpo de bomberos
        - 1.4.3. Materiales peligrosos
        - 1.4.4. Servicios médicos de emergencia
        - 1.4.5. Expertos en criminalística nuclear
    - 1.5. Establecimiento y mantenimiento de mecanismos y medidas para una acción interinstitucional eficaz en aras de la seguridad física nuclear
        - 1.5.1. Mecanismos
        - 1.5.2. Planificación
        - 1.5.3. Ejecución
        - 1.5.4. Comunicación
        - 1.5.5. Ejercicios periódicos
    - 1.6. Comunicación con el público en relación con los sucesos relacionados con la seguridad física nuclear
        - 1.6.1. Comunicación con los medios de información en relación con los sucesos relacionados con la seguridad física nuclear
        - 1.6.2. Comunicación con comunidades locales en relación con los sucesos relacionados con la seguridad física nuclear
- 2. Cooperación con otras organizaciones competentes en caso de incidentes relacionados con dispositivos de dispersión radiactiva (DDR)
    - 2.1. Explosivos y municiones convencionales
    - 2.2. Función de los artificieros
    - 2.3. Sucesos con un gran número de víctimas
    - 2.4. Temas de seguridad tecnológica y salud conexos
    - 2.5. Cooperación interinstitucional con fines de protección de los primeros actuantes, el personal sanitario y de limpieza y otros
    - 2.6. Organizaciones y autoridades que toman parte en la respuesta a los dispositivos de dispersión radiactiva (DDR)
    - 2.7. Mando y gestión
- 3. Coordinación internacional
    - 3.1. Marco jurídico para la coordinación internacional
    - 3.2. Organismo Internacional de Energía Atómica
    - 3.3. Otras instituciones y organizaciones
- 4. Cooperación con otras organizaciones competentes en caso de sucesos químicos, biológicos, radiológicos y nucleares (QBRN) combinados
    - 4.1. Operaciones conjuntas en entornos químicos, biológicos, radiológicos y nucleares (QBRN)
    - 4.2. Diferencias entre sucesos químicos, biológicos, radiológicos y nucleares (QBRN)

D. Ejercicios

i) Estudio de caso 1: Cooperación internacional para un ejercicio internacional a gran escala en respuesta a un suceso relacionado con la seguridad física nuclear.
ii) Estudio de caso 2: Coordinación nacional en respuesta al robo de una fuente radiactiva de actividad alta.

E. Trabajo de laboratorio

Para este módulo no se proponen trabajos de laboratorio.

F. Lecturas recomendadas

COMPREHENSIVE NUCLEAR-TEST-BAN TREATY ORGANIZATION, EURO-ATLANTIC DISASTER RESPONSE COORDINATION CENTRE, EUROPEAN COMMISSION, EUROPEAN POLICE OFFICE, FOOD AND AGRICULTURE ORGANIZATION OF THE UNITED NATIONS, INTERNATIONAL ATOMIC ENERGY AGENCY, INTERNATIONAL CIVIL AVIATION ORGANIZATION, INTERNATIONAL LABOUR ORGANIZATION, INTERNATIONAL MARITIME ORGANIZATION, INTERPOL, NUCLEAR ENERGY AGENCY OF THE ORGANISATION FOR ECONOMIC CO-OPERATION AND DEVELOPMENT, PAN AMERICAN HEALTH ORGANIZATION, UNITED NATIONS DEVELOPMENT PROGRAMME, UNITED NATIONS ENVIRONMENT PROGRAMME, UNITED NATIONS OFFICE FOR THE COORDINATION OF HUMANITARIAN AFFAIRS, UNITED NATIONS OFFICE FOR OUTER SPACE AFFAIRS, WORLD HEALTH ORGANIZATION, WORLD METEOROLOGICAL ORGANIZATION, Joint Radiation Emergency Management Plan of the International Organizations, EPR–JPLAN 2017, IAEA, Vienna (2017).

INSTITUTO INTERREGIONAL DE LAS NACIONES UNIDAS PARA INVESTIGACIONES SOBRE LA DELINCUENCIA Y LA JUSTICIA, OFICINA DE LAS NACIONES UNIDAS CONTRA LA DROGA Y EL DELITO, OFICINA EUROPEA DE POLICÍA, ORGANISMO INTERNACIONAL DE ENERGÍA ATÓMICA, ORGANIZACIÓN DE AVIACIÓN CIVIL INTERNACIONAL, ORGANIZACIÓN INTERNACIONAL DE POLICÍA CRIMINAL–INTERPOL, ORGANIZACIÓN MUNDIAL DE ADUANAS, *Recomendaciones de Seguridad Física Nuclear sobre Materiales Nucleares y otros Materiales Radiactivos no Sometidos a Control Reglamentario, Colección de Seguridad Física Nuclear del OIEA* Nº 15, OIEA, Viena, 2012.

EUROPEAN POLICE OFFICE, INTERNATIONAL ATOMIC ENERGY AGENCY, INTERNATIONAL POLICE ORGANIZATION, WORLD CUSTOMS ORGANIZATION, Combating Illicit Trafficking in Nuclear and Other Radioactive Material, IAEA Nuclear Security Series No. 6, IAEA, Vienna (2007).

AGENCIA PARA LA ENERGÍA NUCLEAR DE LA OCDE, COMISIÓN PREPARATORIA DE LA ORGANIZACIÓN DEL TRATADO DE PROHIBICIÓN COMPLETA DE LOS ENSAYOS NUCLEARES, OFICINA DE COORDINACIÓN DE ASUNTOS HUMANITARIOS DE LAS NACIONES UNIDAS, ORGANISMO INTERNACIONAL DE ENERGÍA ATÓMICA, ORGANIZACIÓN DE AVIACIÓN CIVIL INTERNACIONAL, ORGANIZACIÓN DE LAS NACIONES UNIDAS PARA LA ALIMENTACIÓN Y LA AGRICULTURA, ORGANIZACIÓN INTERNACIONAL DEL TRABAJO, ORGANIZACIÓN INTERNACIONAL DE POLICÍA CRIMINAL (INTERPOL), ORGANIZACIÓN MARÍTIMA INTERNACIONAL, ORGANIZACIÓN METEOROLÓGICA MUNDIAL, ORGANIZACIÓN MUNDIAL DE LA SALUD, ORGANIZACIÓN PANAMERICANA DE LA SALUD, PROGRAMA DE LAS NACIONES UNIDAS PARA EL MEDIO AMBIENTE, *Preparación y respuesta para casos de emergencia nuclear o radiológica, Colección de Normas de Seguridad del OIEA* Nº GSR Part 7, OIEA, Viena, 2018.

ORGANISMO INTERNACIONAL DE ENERGÍA ATÓMICA (Viena).

Método para elaborar disposiciones de respuesta a emergencias nucleares o radiológicas, EPR-METHOD 2003, 2009.

Recomendaciones de Seguridad Física Nuclear sobre la Protección Física de los Materiales y las Instalaciones Nucleares (INFCIRC/225/Rev.5), Colección de Seguridad Física Nuclear del OIEA Nº 13, 2012.

Recomendaciones de Seguridad Física Nuclear sobre Materiales Radiactivos e Instalaciones Conexas, Colección de Seguridad Física Nuclear del OIEA Nº 14, 2012.

Sistemas y medidas de seguridad física nuclear para grandes eventos públicos, Colección de Seguridad Física Nuclear del OIEA Nº 18, 2018.

Establecimiento de la infraestructura de seguridad física nuclear para un programa nucleoeléctrico, Colección de Seguridad Física Nuclear del OIEA Nº 19, 2018.

Objetivo y elementos esenciales del régimen de seguridad física nuclear de un Estado, Colección de Seguridad Física Nuclear del OIEA, Nº 20, 2014.

Sistemas y medidas de seguridad física nuclear para la detección de material nuclear y otro material radiactivo no sometido a control reglamentario, Colección de Seguridad Física Nuclear del OIEA Nº 21, 2020.

Seguridad física de los materiales nucleares durante el transporte, Colección de Seguridad Física Nuclear del OIEA Nº 26-G, 2021.

IAEA Response and Assistance Network, EPR–RANET 2018 (2018).

Operations Manual for Incident and Emergency Communication, EPR–IEComm 2019 (2020).

La seguridad física de los materiales radiactivos durante su transporte, Colección de Seguridad Física Nuclear del OIEA Nº 9-G (Rev. 1), 2022.

ORGANISMO INTERNACIONAL DE ENERGÍA ATÓMICA, ORGANIZACIÓN INTERNACIONAL DE POLICÍA CRIMINAL–INTERPOL, INSTITUTO INTERREGIONAL DE LAS NACIONES UNIDAS PARA INVESTIGACIONES SOBRE LA DELINCUENCIA Y LA JUSTICIA, *Gestión de la escena de un delito radiológico, Colección de Seguridad Física Nuclear del OIEA* Nº 22-G, OIEA, Viena, 2019.

Seguridad nuclear – avances en relación con las medidas de protección contra el terrorismo nuclear, GOV/INF/2002/11-GC(46)/14, OIEA, Viena, 2002.

Medidas para reforzar la cooperación internacional en materia de seguridad nuclear, radiológica y del transporte y de gestión de desechos, GC(49)/RES/9, OIEA, Viena, 2005.

Seguridad física nuclear – Medidas de protección contra el terrorismo nuclear: Informe de situación y Plan de seguridad física nuclear para 2006-2009, GC(49)/17, OIEA, Viena, 2005.

NSC4. GESTIÓN DE LA SEGURIDAD FÍSICA NUCLEAR EN LAS INSTALACIONES

A. Breve descripción

En este módulo se proporciona un panorama general sobre todos los temas relacionados con los aspectos de gestión de la seguridad física en general y su aplicación al ámbito de la seguridad física nuclear. Más concretamente, el módulo abarca los aspectos siguientes:

a) elementos esenciales de la seguridad física nuclear;
b) principios básicos de la gestión de la seguridad física, elaboración de presupuestos y planificación de recursos humanos, cultura de la seguridad física, conciencia en materia de seguridad física e integración con otras disciplinas, y
c) la configuración de una organización funcional de seguridad física que incluya instrumentos de gobernanza para el establecimiento de funciones y responsabilidades dentro de las actividades de gestión de la seguridad física nuclear.

B. Objetivos del aprendizaje

Al término de este módulo, el alumno podrá:

a) describir los principios y procesos básicos de una gestión satisfactoria de la seguridad física en las instalaciones nucleares y radiológicas;
b) demostrar un enfoque holístico en materia de seguridad física nuclear;
c) demostrar conocimiento de las principales orientaciones y reglamentos internacionales y nacionales;
d) demostrar conocimiento de las responsabilidades de los gestores de la seguridad física;
e) adquirir aptitudes de gestión eficaz y sostenible de las medidas de seguridad física nuclear en una instalación, como los recursos humanos, el equipo de protección física, la contabilidad y el control de materiales nucleares y la coordinación, y
f) elaborar y ejecutar planes de contingencia.

Estos objetivos de aprendizaje se ilustrarán con ejemplos prácticos en el entorno de la seguridad física nuclear.

C. Esquema del módulo

1. Elementos esenciales de la gestión de la seguridad física nuclear en las instalaciones
    1.1. Enfoque holístico (jurídico, organizativo, físico)
    1.2. Panorama general de las orientaciones internacionales y los reglamentos nacionales
    1.3. Definición, alcance, metas y objetivos de la seguridad física nuclear en una instalación
    1.4. Responsabilidades del Estado frente a las del operador
    1.5. Principios de diseño y ejecución
    1.6. Gestión de recursos humanos
    1.7. Coordinación con otras partes interesadas
        1.7.1. Organismos encargados del cumplimiento de la ley y ejército
        1.7.2. Seguridad tecnológica
        1.7.3. Gobierno local
        1.7.4. Otras partes internas y externas
    1.8. Funcionamiento, mantenimiento y sostenibilidad del equipo de protección física
    1.9. Gestión de las medidas de contabilidad y control de materiales nucleares
    1.10. Planificación de contingencias
2. Entender la gestión de la seguridad física
    2.1. Proceso de gestión de la seguridad física
    2.2. Gobernanza de la seguridad física
    2.3. Recopilación de requisitos de seguridad física
    2.4. Fuentes de los requisitos de cumplimiento
    2.5. Gestión de las políticas de seguridad física
    2.6. Análisis de la situación de la seguridad física
    2.7. Gestión de amenazas y riesgos
    2.8. Eficacia de las medidas y análisis costo-beneficio
    2.9. Programas de garantía del desempeño en materia de seguridad física
    2.10. Gestión de incidentes y emergencias
    2.11. Continuidad de las actividades
3. Cultura de la seguridad física nuclear
    3.1. Capacitación y enseñanza en seguridad física
    3.2. Aspectos interculturales
    3.3. Conciencia sobre la seguridad física
    3.4. Características de una cultura eficaz de la seguridad física nuclear
    3.5. Orígenes de los aspectos centrales de la cultura de la seguridad física
    3.6. Cambios en la cultura de la seguridad física
    3.7. Mejora y evaluación de la cultura de la seguridad física

4. Organización de la seguridad física
    4.1. Estrategia de seguridad física
    4.2. Modelos organizativos
    4.3. Planificación y gestión de los recursos humanos
    4.4. Procesos institucionales normalizados
    4.5. La seguridad física en las relaciones con los proveedores
    4.6. Acuerdos de prestación de servicios de seguridad física
    4.7. Notificación de incidentes de seguridad física
    4.8. Interacción con las partes interesadas
    4.9. Criterios de éxito en la gestión de la seguridad física
5. Protección de los activos
    5.1. Implantación de sistemas de gestión de la seguridad física
    5.2. Gestión del riesgo y amenaza base de diseño
    5.3. Programa de seguridad física de la central, incluido el programa de seguridad informática
    5.4. Convergencia de las medidas de protección
    5.5. Niveles operacionales y de seguridad tecnológica y física
    5.6. Gestión de activos
    5.7. Seguridad física de la información

D. Ejercicios

Parte del módulo consiste en ejercicios prácticos en los que se pone a los alumnos en situaciones en las que se encuentran los gestores de la seguridad física. El objetivo es entender los conflictos de intereses a los que hacen frente los gestores de la seguridad física durante sus operaciones cotidianas.

E. Trabajo de laboratorio

Para este módulo no se proponen trabajos de laboratorio.

F. Lecturas recomendadas

INSTITUTO INTERREGIONAL DE LAS NACIONES UNIDAS PARA INVESTIGACIONES SOBRE LA DELINCUENCIA Y LA JUSTICIA, OFICINA DE LAS NACIONES UNIDAS CONTRA LA DROGA Y EL DELITO, OFICINA EUROPEA DE POLICÍA, ORGANISMO INTERNACIONAL DE ENERGÍA ATÓMICA, ORGANIZACIÓN DE AVIACIÓN CIVIL INTERNACIONAL, ORGANIZACIÓN INTERNACIONAL DE POLICÍA CRIMINAL–INTERPOL, ORGANIZACIÓN MUNDIAL DE ADUANAS, *Recomendaciones de Seguridad Física Nuclear sobre Materiales Nucleares y otros Materiales Radiactivos no Sometidos a Control Reglamentario, Colección de Seguridad Física Nuclear del OIEA* Nº 15, OIEA, Viena, 2012.

AGENCIA PARA LA ENERGÍA NUCLEAR DE LA OCDE, COMISIÓN PREPARATORIA DE LA ORGANIZACIÓN DEL TRATADO DE PROHIBICIÓN COMPLETA DE LOS ENSAYOS NUCLEARES, OFICINA DE COORDINACIÓN DE ASUNTOS HUMANITARIOS DE LAS NACIONES UNIDAS, ORGANISMO INTERNACIONAL DE ENERGÍA ATÓMICA, ORGANIZACIÓN DE AVIACIÓN CIVIL INTERNACIONAL, ORGANIZACIÓN DE LAS NACIONES UNIDAS PARA LA ALIMENTACIÓN Y LA AGRICULTURA, ORGANIZACIÓN INTERNACIONAL DEL TRABAJO, ORGANIZACIÓN INTERNACIONAL DE POLICÍA CRIMINAL (INTERPOL), ORGANIZACIÓN MARÍTIMA INTERNACIONAL, ORGANIZACIÓN METEOROLÓGICA MUNDIAL, ORGANIZACIÓN MUNDIAL DE LA SALUD, ORGANIZACIÓN PANAMERICANA DE LA SALUD, PROGRAMA DE LAS NACIONES UNIDAS PARA EL MEDIO AMBIENTE, *Preparación y respuesta para casos de emergencia nuclear o radiológica, Colección de Normas de Seguridad del OIEA* Nº GSR Part 7, OIEA, Viena, 2018.

OFICINA DE COORDINACIÓN DE ASUNTOS HUMANITARIOS DE LAS NACIONES UNIDAS, OFICINA INTERNACIONAL DEL TRABAJO, ORGANISMO INTERNACIONAL DE ENERGÍA ATÓMICA, ORGANIZACIÓN DE LAS NACIONES UNIDAS PARA LA AGRICULTURA Y LA ALIMENTACIÓN, ORGANIZACIÓN MUNDIAL DE LA SALUD, ORGANIZACIÓN PANAMERICANA DE LA SALUD, *Disposiciones de preparación para emergencias nucleares o radiológicas, Colección de Normas de Seguridad del OIEA* Nº GS-G-2.1, OIEA, Viena, 2010.

GARCIA, M.L., Vulnerability Assessment of Physical Protection Systems, Butterworth-Heinemann, Oxford (2006).

— The Design and Evaluation of Physical Protection Systems, 2nd edn, Butterworth-Heinemann, Oxford (2008).

ORGANISMO INTERNACIONAL DE ENERGÍA ATÓMICA (Viena).

Método para elaborar disposiciones de respuesta a emergencias nucleares o radiológicas, EPR-METHOD 2003, 2009.

Código de Conducta sobre la Seguridad Tecnológica y Física de las Fuentes Radiactivas, 2004.

Cultura de la seguridad física nuclear, Colección de Seguridad Física Nuclear del OIEA Nº 7, 2017.

Evaluación nacional de amenazas para la seguridad física nuclear, amenazas base de diseño y declaraciones de amenazas representativas, Colección de Seguridad Física Nuclear del OIEA Nº 10-G (Rev. 1), 2022.

Recomendaciones de Seguridad Física Nuclear sobre la Protección Física de los Materiales y las Instalaciones Nucleares (INFCIRC/225/Rev.5), Colección de Seguridad Física Nuclear del OIEA Nº 13, 2012.

Recomendaciones de Seguridad Física Nuclear sobre Materiales Radiactivos e Instalaciones Conexas, Colección de Seguridad Física Nuclear del OIEA Nº 14, 2012.

Objetivo y elementos esenciales del régimen de seguridad física nuclear de un Estado, Colección de Seguridad Física Nuclear del OIEA, Nº 20, 2014.

Computer Security Techniques for Nuclear Facilities, IAEA Nuclear Security Series No. 17-T (Rev. 1) (en preparación).

ROPER, C., FISCHER, L., GRAU, J.A., Security Education, Awareness and Training: From Theory to Practice, Elsevier, Oxford (2006).

TALBOT, J., JAKEMAN, M., Security Risk Management: Body of Knowledge, John Wiley and Sons, Hoboken, NJ (2009).

NSC5. SEGURIDAD FÍSICA DE LA INFORMACIÓN NUCLEAR DE CARÁCTER ESTRATÉGICO

A. Breve descripción

En este módulo se proporcionan conocimientos teóricos y prácticos sobre los métodos dirigidos a garantizar la seguridad física de la información nuclear de carácter sensible. El aprendizaje se basa en conferencias teóricas, ejemplos del mundo real y ejercicios prácticos.

B. Objetivos del aprendizaje

Al término de este módulo, el alumno podrá:

a) explicar con claridad la función de la seguridad física de la información en la seguridad física nuclear, y
b) explicar los controles de seguridad física de la información pertinentes para las instalaciones y actividades de materiales nucleares y otros materiales radiactivos y presentar ejemplos al respecto.

C. Esquema del módulo

1. Conceptos y contexto de la seguridad física de la información
   - 1.1. Qué es información
   - 1.2. Principios de seguridad física de la información
     - 1.2.1. Confidencialidad
     - 1.2.2. Integridad
     - 1.2.3. Disponibilidad
2. Amenazas contra la información
   - 2.1. Agentes de amenazas
   - 2.2. Peligro para la información y divulgación de esta
   - 2.3. Amenaza interna
3. Marco para dotar de seguridad a la información sensible
   - 3.1. Responsabilidades
   - 3.2. Marco jurídico y reglamentario para dotar de seguridad a la información sensible
   - 3.3. Elaboración de orientaciones nacionales
   - 3.4. Políticas de seguridad física
   - 3.5. Esquemas de clasificación de la información
   - 3.6. Controles de la seguridad física
4. Identificación de información de carácter sensible en un régimen de seguridad física nuclear
   - 4.1. Principios de clasificación
   - 4.2. Formas de información
5. Intercambio y divulgación de información de carácter sensible
   - 5.1. Intercambio de información
   - 5.2. Divulgación de información
6. Marco de gestión con fines de confidencialidad
   - 6.1. Funciones y responsabilidades
   - 6.2. Políticas y procedimientos en materia de seguridad física
   - 6.3. Cultura de la seguridad física y capacitación al respecto

6.4. Acuerdos con terceros sobre seguridad física de la información
6.5. Inspecciones y auditorías
6.6. Incidentes de seguridad física de la información
6.7. Investigaciones

D. Ejercicios

i) Planificación de medidas de seguridad física de la información en la instalación de un reactor de investigación que utiliza uranio muy enriquecido.
ii) Juego de simulación: elaboración y puesta en práctica de un juego de simulación en el que se abordan infracciones de la seguridad física de la información cometidas por un empleado de una instalación nuclear.

E. Trabajo de laboratorio

Para este módulo no se proponen trabajos de laboratorio.

F. Lecturas recomendadas

ORGANISMO INTERNACIONAL DE ENERGÍA ATÓMICA (Viena).

Recomendaciones de Seguridad Física Nuclear sobre la Protección Física de los Materiales y las Instalaciones Nucleares (INFCIRC/225/Rev.5), Colección de Seguridad Física Nuclear del OIEA Nº 13, 2012.

Objetivo y elementos esenciales del régimen de seguridad física nuclear de un Estado, Colección de Seguridad Física Nuclear del OIEA, Nº 20, 2014.

Seguridad física de la información nuclear, Colección de Seguridad Física Nuclear del OIEA Nº 23-G, 2018.

INTERNATIONAL NUCLEAR SECURITY EDUCATION NETWORK, NS 22 Cyber Security for Nuclear Security Professionals, INSEN, Vienna (2013).

NSC6. CULTURA DE LA SEGURIDAD FÍSICA NUCLEAR

A. Breve descripción

Este módulo está pensado para presentar a los alumnos el concepto de cultura de la seguridad física nuclear, sus orígenes, sus principales componentes y los indicadores y la metodología para su evaluación y mejora. En él también se explica la función que desempeña el OIEA en la promoción de la cultura de la seguridad física nuclear a escala mundial.

B. Objetivos del aprendizaje

Al término de este módulo, el alumno podrá:

a) describir el concepto de cultura de la seguridad física nuclear como subconjunto de la cultura institucional;
b) describir el modelo de cultura de la seguridad física nuclear que promueve el OIEA, sus componentes y sus atributos, y
c) determinar los indicadores individuales e institucionales que afectan a la cultura.

C. Esquema del módulo

1. La cultura de la seguridad física nuclear como subconjunto de la cultura institucional
   - 1.1. Definición de cultura institucional, de la cual la cultura de la seguridad física nuclear es un subconjunto
   - 1.2. Función de la cultura institucional
   - 1.3. Tres niveles cognitivos de la cultura institucional
   - 1.4. Procesos y requisitos previos del cambio de cultura
   - 1.5. Función del liderazgo
2. El factor humano y la seguridad física nuclear
   - 2.1. Interfaz entre el factor humano, la seguridad física, la tecnología y la organización
   - 2.2. Función del factor humano en las circunstancias imprevistas, así como durante múltiples sucesos
3. El factor humano y la seguridad física nuclear: perspectivas sobre el desempeño
   - 3.1. Diversas actitudes en materia de seguridad física
   - 3.2. Subculturas en la seguridad física nuclear
   - 3.3. Tipos de falibilidad humana
   - 3.4. Tres modos de desempeño: aptitudes, normas y conocimientos
   - 3.5. Adaptación de la enseñanza y la capacitación en seguridad física
4. El OIEA y la cultura de la seguridad física nuclear
   - 4.1. La función de la seguridad física nuclear en la actividad programática del OIEA
   - 4.2. Base de Datos sobre Incidentes y Tráfico Ilícito (ITDB) del OIEA

- 4.3. Situaciones hipotéticas de riesgo de seguridad física nuclear
- 4.4. Nociones fundamentales de seguridad física nuclear del OIEA
- 4.5. Marco jurídico para una cultura de seguridad física nuclear
- 4.6. Publicaciones en la materia de la *Colección de Seguridad Física Nuclear*

5. El OIEA como promotor y coordinador de la cultura de la seguridad física nuclear
   - 5.1. Introducción a herramientas para la seguridad física nuclear y la creación de capacidad en esa cultura (desarrollo de recursos humanos, gestión de los conocimientos, redes de conocimientos)
   - 5.2. Función de la Red Internacional de Centros de Capacitación Apoyo en materia de Seguridad Física Nuclear (Red NSSC) y la Red Internacional de Enseñanza sobre Seguridad Física Nuclear (INSEN)
6. Cultura de la seguridad física nuclear: concepto, modelo y características
   - 6.1. Publicación Nº 7 de la *Colección de Seguridad Física Nuclear del OIEA*, *Cultura de la Seguridad Nuclear*, 2017.
   - 6.2. La función del Estado, las organizaciones, los directores, el personal, el público y la comunidad internacional en la promoción y el sostenimiento de la cultura de la seguridad física nuclear
   - 6.3. Características del modelo e indicadores de la cultura conexos
   - 6.4. Creencias, actitudes y principios rectores
   - 6.5. Características de la cultura de la seguridad física nuclear en las secciones observables del modelo del OIEA
     - 6.5.1. Sistemas de gestión
     - 6.5.2. Comportamiento del personal
7. Interfaces seguridad tecnológica-seguridad física
   - 7.1. Definiciones de cultura de la seguridad tecnológica nuclear frente a cultura de la seguridad física nuclear
   - 7.2. Tipos de interacción entre la seguridad tecnológica y la seguridad física en entornos laborales concretos
   - 7.3. Interfaz seguridad tecnológica-seguridad física: jurídica, institucional y programática de ámbito internacional, así como nacional y operacional basadas en las instalaciones
   - 7.4. Sinergias y contradicciones entre los elementos de la cultura de la seguridad tecnológica y los de la cultura de la seguridad física
8. Cultura de la seguridad física en relación con las fuentes radiactivas
   - 8.1. Esquema de los marcos jurídicos y de gestión internacionales relativos a las fuentes radiactivas
   - 8.2. Consideraciones especiales sobre la cultura de la seguridad física con respecto a las fuentes radiactivas
   - 8.3. Métodos de evaluación: básicos, intermedios y exhaustivos

9. La cultura de la seguridad física nuclear como herramienta para abordar la amenaza de agentes internos
   9.1. Definiciones y perfiles de los adversarios internos
   9.2. Orientaciones del OIEA sobre la prevención de amenazas de agentes internos y la protección contra estas
      9.2.1. Referencias a la cultura
   9.3. Medidas relacionadas con la cultura e indicadores pertinentes para abordar la amenaza de agentes internos

D. Ejercicios

i) estudio sobre la percepción de los riesgos, y

ii) examen y evaluación de los indicadores de la cultura como herramienta de evaluación y mejora.

E. Trabajo de laboratorio

Para este módulo no se proponen trabajos de laboratorio.

F. Lecturas recomendadas

BUNN, M., SAGAN, S.D., A Torso Practices Guide to Insider Threats: Lessons from Past Mistakes, American Academy of Arts and Sciences, Cambridge, MA (2014).

CAMERON, K.S., QUINN, R.E., Diagnosing and Changing Organizational Culture, 3rd edn, Jossey-Bass, San Francisco, CA (2011).

AGENCIA PARA LA ENERGÍA NUCLEAR DE LA OCDE, COMISIÓN PREPARATORIA DE LA ORGANIZACIÓN DEL TRATADO DE PROHIBICIÓN COMPLETA DE LOS ENSAYOS NUCLEARES, OFICINA DE COORDINACIÓN DE ASUNTOS HUMANITARIOS DE LAS NACIONES UNIDAS, ORGANISMO INTERNACIONAL DE ENERGÍA ATÓMICA, ORGANIZACIÓN DE AVIACIÓN CIVIL INTERNACIONAL, ORGANIZACIÓN DE LAS NACIONES UNIDAS PARA LA ALIMENTACIÓN Y LA AGRICULTURA, ORGANIZACIÓN INTERNACIONAL DEL TRABAJO, ORGANIZACIÓN INTERNACIONAL DE POLICÍA CRIMINAL (INTERPOL), ORGANIZACIÓN MARÍTIMA INTERNACIONAL, ORGANIZACIÓN METEOROLÓGICA MUNDIAL, ORGANIZACIÓN MUNDIAL DE LA SALUD, ORGANIZACIÓN PANAMERICANA DE LA SALUD, PROGRAMA DE LAS NACIONES UNIDAS

PARA EL MEDIO AMBIENTE, *Preparación y respuesta para casos de emergencia nuclear o radiológica, Colección de Normas de Seguridad del OIEA* Nº GSR Part 7, OIEA, Viena, 2018.

HOFSTEDE, G., HOFSTEDE, G.J., MINKOV, M., Cultures and Organizations: Software of the Mind, 3rd edn, McGraw-Hill, New York (2010).

ORGANISMO INTERNACIONAL DE ENERGÍA ATÓMICA (Viena).

Developing Safety Culture in Nuclear Activities: Practical Suggestions to Assist Progress, Safety Report Series No. 11 (1998).

Safety Culture in Nuclear Installations: Guidance for Use in the Enhancement of Safety Culture, IAEA-TECDOC-1329 (2002).

Método para elaborar disposiciones de respuesta a emergencias nucleares o radiológicas, EPR-METHOD 2003, 2009.

Código de Conducta sobre la Seguridad Tecnológica y Física de las Fuentes Radiactivas, 2004.

Clasificación de las fuentes radiactivas, *Colección de Normas de Seguridad del OIEA* Nº RS-G-1.9, 2009.

Amendment to the Convention on the Physical Protection of Nuclear Material, IAEA International Law Series No. 2 (2006).

Cultura de la seguridad física nuclear, *Colección de Seguridad Física Nuclear del OIEA* Nº 7, 2017.

Recomendaciones de Seguridad Física Nuclear sobre la Protección Física de los Materiales y las Instalaciones Nucleares (INFCIRC/225/Rev.5), *Colección de Seguridad Física Nuclear del OIEA* Nº 13, 2012.

Recomendaciones de Seguridad Física Nuclear sobre Materiales Radiactivos e Instalaciones Conexas, *Colección de Seguridad Física Nuclear del OIEA* Nº 14, 2012.

Establecimiento de la infraestructura de seguridad física nuclear para un programa nucleoeléctrico, *Colección de Seguridad Física Nuclear del OIEA* Nº 19, 2018.

Objetivo y elementos esenciales del régimen de seguridad física nuclear de un Estado, Colección de Seguridad Física Nuclear del OIEA, Nº 20, 2014.

Seguridad física de la información nuclear, Colección de Seguridad Física Nuclear del OIEA Nº 23-G, 2018.

Marco gubernamental, jurídico y regulador para la seguridad, Colección de Normas de Seguridad del OIEA Nº GSR Part 1 (Rev.1), 2017

Seguridad física de los materiales radiactivos durante su uso y almacenamiento y de las instalaciones conexas, Colección de Seguridad Física Nuclear del OIEA Nº 11-G (Rev. 1), 2022.

IAEA Incident and Trafficking Database (ITDB): 2020 Fact Sheet (2020), www.iaea.org/sites/default/files/20/02/itdb-factsheet-2020.pdf

Medidas de prevención y de protección contra las amenazas de agentes internos, Colección de Seguridad Física Nuclear del OIEA Nº 8-G (Rev. 1), 2022.

Computer Security Techniques for Nuclear Facilities, IAEA Nuclear Security Series No. 17-T (Rev. 1) (en preparación).

INTERNATIONAL NUCLEAR SAFETY GROUP, The Interface Between Safety and Security at Nuclear Power Plants, INSAG-24, IAEA, Vienna (2010).

INTERNATIONAL NUCLEAR SECURITY EDUCATION NETWORK, Nuclear Security Culture: The State of Play, INSEN, Vienna (2018).

KARTCHNER, K.M., "Strategic culture and WMD decision making", in Strategic Culture and Weapons of Mass Destruction: Culturally Based Insights into Comparative National Security Policymaking (JOHNSON, J.L., KARTCHNER, K.M., LARSEN, J.A., Eds), Palgrave Macmillan, New York (2009) 55–68.

KOTTER, J.P., Leading Change, Harvard Business School Press, Boston, MA (1996).

ROPER, C., FISCHER, L., GRAU, J.A., Security Education, Awareness, and Training: From Theory to Practice, Elsevier, Oxford (2006).

SCHEIN, E.H., The Corporate Culture Survival Guide, Jossey-Bass, San Francisco, CA (2009).

— Organizational Culture and Leadership, 5th edn, Jossey-Bass, San Francisco, CA (2017).

UNITED STATES DEPARTMENT OF ENERGY, Inquiry into the Security Breach at the National Security Administration's Y-12 National Security Complex, DOE/IG-0868, USDOE, Washington, DC (2012).

VICENTE, K., The Human Factor, Routledge, New York (2006).

WEICK, K.E., SUTCLIFFE, K.M., Managing the Unexpected: Resilient Performance in an Age of Uncertainty, 2nd edn, Jossey-Bass, San Francisco, CA (2007).

Convención sobre la Protección Física de los Materiales Nucleares, INFCIRC/274/Rev. 1, OIEA, Viena, 1980.

Nuclear Verification and Security of Material: Physical Protection Objectives and Fundamental Principles, GOV/2001/41, IAEA, Vienna (2001).

Convenio Internacional para la Represión de los Actos de Terrorismo Nuclear, A/RES/59/290, Naciones Unidas, Nueva York, 2005.

NSC7. EVALUACIÓN DE LA AMENAZA

A. Breve descripción

En este módulo se proporciona una descripción general de los adversarios (sus tácticas y métodos, aspectos psicológicos, organizaciones de adversarios), la función de la información sobre las amenazas en la elaboración de medidas de seguridad física oportunas y los métodos de lucha contra el terrorismo. En él también se presta atención al estudio detallado de las evaluaciones de la amenaza y a la elaboración y aplicación de la amenaza base de diseño.

B. Objetivos del aprendizaje

Al término de este módulo, el alumno podrá:

a) analizar las motivaciones y capacidades de los adversarios y disponer de información básica sobre la protección contra el terrorismo;

b) describir la metodología y los pasos para realizar evaluaciones estatales de las amenazas nucleares y elaborar, ejecutar y mantener amenazas base de diseño, y
c) describir la relación entre la amenaza base de diseño, el análisis de los riesgos y la protección contra el terrorismo.

C. Esquema del módulo

1. Evaluación de la amenaza
    - 1.1. Definición de amenazas
    - 1.2. Supuesto operacional para la evaluación de la amenaza
    - 1.3. Abanico de posibles amenazas genéricas
    - 1.4. Amenaza de disturbios y protestas civiles
    - 1.5. Lista de características de las amenazas
    - 1.6. Fuentes y análisis de información relacionada con las amenazas
    - 1.7. Amenazas externas
    - 1.8. Amenazas internas
    - 1.9. Examen de actos de amenaza reales, planificados y posibles
        - 1.9.1. Eventos, eventos de capacitación y planificación de eventos
        - 1.9.2. Detección de sucesos de carácter químico, biológico radiológico y nuclear (QBRN) o semejante
    - 1.10. Examen de las amenazas conocidas
    - 1.11. Análisis de datos relacionados con las amenazas
        - 1.11.1. Lista de atributos y características de las amenazas
        - 1.11.2. Confianza asignada a los datos y análisis
    - 1.12. Aplicación práctica de la evaluación de la amenaza con respecto a los actos dolosos
2. Amenaza base de diseño (ABD)
    - 2.1. Recomendaciones internacionales sobre la ABD
    - 2.2. Público de la ABD
    - 2.3. Funciones y responsabilidades
    - 2.4. Preselección de los productos de la evaluación de las amenazas
        - 2.4.1. Capacidades
        - 2.4.2. Intenciones
    - 2.5. Traducción de amenazas concretas en evaluaciones de la amenaza para atributos y características genéricos de los adversarios
    - 2.6. Modificación de los atributos y características genéricos de los adversarios en función de consideraciones sobre las políticas
    - 2.7. Determinación de los atributos y características que forman parte de la ABD y de los que quedan excluidos

3. Otros atributos y características creíbles restantes de las amenazas que no forman parte de la ABD final
    3.1. La ABD y otro enfoque alternativo basado en amenazas
    3.2. Aplicación de la ABD
    3.3. Mantenimiento de la ABD
4. Función del análisis de las amenazas en la elaboración de medidas de seguridad física adecuadas
    4.1. Relación entre las características de la protección y la amenaza
    4.2. Protección graduada
    4.3. Enfoque de la ABD frente a otras alternativas

D. Ejercicios

i) Estudio de caso: Evaluación de las amenazas para una instalación nuclear o radiológica.
ii) Estudio de caso: Elaboración de una amenaza base de diseño para un Estado.

E. Trabajo de laboratorio

Para este módulo no se proponen trabajos de laboratorio.

F. Lecturas recomendadas

GARCIA, M.L., Vulnerability Assessment of Physical Protection Systems, Butterworth-Heinemann, Oxford (2006).

— The Design and Evaluation of Physical Protection Systems, 2nd edn, Butterworth-Heinemann, Oxford (2008).

ORGANISMO INTERNACIONAL DE ENERGÍA ATÓMICA (Viena).

Código de Conducta sobre la Seguridad Tecnológica y Física de las Fuentes Radiactivas, 2004.

Amendment to the Convention on the Physical Protection of Nuclear Material, IAEA International Law Series No. 2 (2006).

Evaluación nacional de amenazas para la seguridad física nuclear, amenazas base de diseño y declaraciones de amenazas representativas, Colección de Seguridad Física Nuclear del OIEA Nº 10-G (Rev. 1), 2022.

Handbook on the Design of Physical Protection Systems for Nuclear Material and Nuclear Facilities, IAEA Nuclear Security Series No. 40-T (2021).

TALBOT, J., JAKEMAN, M., Security Risk Management: Body of Knowledge, John Wiley and Sons, Hoboken, NJ (2009).

Convención sobre la Protección Física de los Materiales Nucleares, INFCIRC/274/Rev. 1, OIEA, Viena, 1980.

Seguridad física nuclear – Medidas de protección contra el terrorismo nuclear: Enmienda de la Convención sobre la Protección Física de los Materiales Nucleares, GOV/INF/2005/10-GC(49)/INF/6, OIEA, Viena, 2005.

NSC8. DISEÑO Y EVALUACIÓN DE SISTEMAS DE PROTECCIÓN FÍSICA

A. Breve descripción

En este módulo se proporcionan todos los elementos importantes del proceso de diseño de un sistema de protección física, como la determinación de blancos, los enfoques de evaluación, la respuesta y la comunicación, la evaluación de la vulnerabilidad, las pruebas de desempeño, los principios de funcionamiento y el plan de contingencia. La definición de los requisitos del sistema y el diseño y la evaluación del sistema de protección física se describen con detalle. Algunas partes teóricas del módulo se respaldan con ejercicios prácticos.

B. Objetivos del aprendizaje

Al término de este módulo, el alumno podrá:

a) presentar y analizar los principios fundamentales de un sistema de protección física;
b) planificar y ejecutar el proceso de diseño de sistemas de protección física, y
c) diseñar y evaluar sistemas de protección física para distintos tipos de instalaciones nucleares.

C. Esquema del módulo

1. Principios fundamentales de protección física
   1.1. Funciones y responsabilidades de las autoridades y los operadores internacionales, nacionales y locales

1.2. Evaluación de la amenaza a nivel estatal
1.3. Requisitos en materia de protección física y enfoque graduado
1.4. Concepto de varios niveles y métodos, definición de “en profundidad”, protección equilibrada, ausencia de fallos en un punto único y equipo redundante
1.5. Garantía de la calidad
1.6. Plan de contingencia
1.7. Confidencialidad

2. Panorama general del proceso de diseño y evaluación de sistemas de protección física
    2.1. Definición de los objetivos y requisitos del sistema
    2.2. Características de las instalaciones
    2.3. Determinación de blancos
    2.4. Evaluación de la amenaza y gestión del riesgo
    2.5. Análisis de las consecuencias
    2.6. Diseño del sistema de protección física
    2.7. Evaluación del diseño del sistema de protección física
3. Determinación de blancos
    3.1. Conceptos básicos
    3.2. Técnicas para la determinación de blancos
    3.3. Determinación de blancos con respecto a las instalaciones nucleares o radiológicas
    3.4. Árboles de fallos y lista de blancos con respecto a una instalación
4. Enfoques para determinar las medidas de seguridad física
    4.1. Enfoque prescriptivo
    4.2. Enfoque basado en el desempeño
    4.3. Enfoque combinado
    4.4. Medidas de protección adicionales
5. Requisitos del sistema
    5.1. Categorización del material nuclear y requisitos de protección física
    5.2. Análisis de las consecuencias y consecuencias radiológicas del sabotaje
    5.3. Ecuación de riesgos
    5.4. Evaluación de la amenaza y amenaza base de diseño
    5.5. Factores de compensación recíproca y de políticas en el uso de la amenaza base de diseño para el diseño de sistemas de protección física
    5.6. Máxima amenaza de adversarios frente a la que el sistema de protección física está razonablemente asegurado
    5.7. Eficacia del sistema de protección física
    5.8. Mediciones
    5.9. Enfoque basado en el desempeño y enfoque prescriptivo

6. Diseño de un sistema de protección física
    - 6.1. Medidas eficaces de detección, dilación y respuesta
    - 6.2. Plan de protección física
    - 6.3. Funciones del sistema de protección física
    - 6.4. Elementos y criterios respecto del diseño
    - 6.5. Principio de detección oportuna y punto crítico de detección
    - 6.6. Elaboración de los requisitos para el diseño de un sistema de protección física
7. Respuesta y comunicación
    - 7.1. Función y disposición de las fuerzas de respuesta
    - 7.2. Reglas de intervención
    - 7.3. Comunicación a las fuerzas de respuesta
    - 7.4. Medidas de desempeño
        - 7.4.1. Tiempo de respuesta de las fuerzas de respuesta
        - 7.4.2. Probabilidad de comunicación
        - 7.4.3. Probabilidad de neutralización
8. Evaluación de la vulnerabilidad
    - 8.1. Evaluación del riesgo
    - 8.2. Análisis de evaluación cuantitativa y cualitativa
    - 8.3. Análisis de vías y escenarios
    - 8.4. Eficacia del sistema
    - 8.5. Uso de los resultados de la evaluación
9. Pruebas del desempeño
    - 9.1. Estrategias y planificación de las pruebas
    - 9.2. Planes de muestreo
    - 9.3. Detección y niveles de confianza
10. Plan de contingencia
    - 10.1. Objetivos del plan de contingencia
    - 10.2. Elaboración del plan de contingencia
    - 10.3. Orientación para el personal del licenciatario en caso de amenaza, robo o sabotaje
    - 10.4. Determinación de recursos
    - 10.5. Ejercicios de respuesta
    - 10.6. Comunicación al público
11. Principios operacionales de un sistema de protección física
    - 11.1. Implantación de un sistema de protección física en cualquier fase de su vida útil
    - 11.2. Inspección y régimen de aplicación obligatoria, cumplimiento de lo previsto en la licencia
    - 11.3. Seguro de la calidad y el desempeño necesarios

12. Inspecciones de la protección física en las instalaciones nucleares
    12.1. Nociones básicas de inspección
    12.2. Inspección en el emplazamiento
        12.2.1. Documentación reglamentaria
        12.2.2. Acceso al emplazamiento
        12.2.3. Funcionamiento del sistema de control del acceso
        12.2.4. Dispositivos de detección perimetral
        12.2.5. Barreras físicas
        12.2.6. Dispositivos de detección interna
        12.2.7. Sistema de circuito cerrado de televisión
        12.2.8. Sistema de comunicación del sistema de protección física
        12.2.9. Sistemas de recopilación, procesamiento y visualización de información
        12.2.10. Pruebas funcionales

D. Ejercicios

i) Estudio de caso: determinación de los requisitos y objetivos en materia de protección física para una hipotética instalación nuclear.
ii) Estudio de caso: diseño de un sistema de protección física conforme a los requisitos señalados anteriormente.
iii) Estudio de caso: evaluación del sistema de protección física de las instalaciones diseñado anteriormente.

E. Trabajo de laboratorio

Para este módulo no se proponen trabajos de laboratorio.

F. Lecturas recomendadas

GARCIA, M.L., Vulnerability Assessment of Physical Protection Systems, Butterworth-Heinemann, Oxford (2006).

— The Design and Evaluation of Physical Protection Systems, 2nd edn, Butterworth-Heinemann, Oxford (2008).

ORGANISMO INTERNACIONAL DE ENERGÍA ATÓMICA (Viena).

Physical Protection of Nuclear Materials: Experience in Regulation, Implementation and Operations (Proc. Int. Conf. Vienna, 1997) (1998).

Código de Conducta sobre la Seguridad Tecnológica y Física de las Fuentes Radiactivas, 2004.

Amendment to the Convention on the Physical Protection of Nuclear Material, IAEA International Law Series No. 2 (2006).

Recomendaciones de Seguridad Física Nuclear sobre la Protección Física de los Materiales y las Instalaciones Nucleares (INFCIRC/225/Rev.5), Colección de Seguridad Física Nuclear del OIEA Nº 13, 2012.

Recomendaciones de Seguridad Física Nuclear sobre Materiales Radiactivos e Instalaciones Conexas, Colección de Seguridad Física Nuclear del OIEA Nº 14, 2012.

Handbook on the Design of Physical Protection Systems for Nuclear Material and Nuclear Facilities, IAEA Nuclear Security Series No. 40-T (2021).

TALBOT, J., JAKEMAN, M., Security Risk Management: Body of Knowledge, John Wiley and Sons, Hoboken, NJ (2009).

Convención sobre la Protección Física de los Materiales Nucleares, INFCIRC/274/Rev. 1, OIEA, Viena (1980).

Seguridad física nuclear – Medidas de protección contra el terrorismo nuclear: Enmienda de la Convención sobre la Protección Física de los Materiales Nucleares, GOV/INF/2005/10-GC(49)/INF/6, OIEA, Viena, 2005.

NSC9. TECNOLOGÍAS Y EQUIPO DE PROTECCIÓN FÍSICA

A. Breve descripción

Este módulo se centra principalmente en distintos principios físicos, métodos técnicos e instrumentos que se emplean en los sistemas de protección física. El estudio teórico se combinará con demostraciones intensivas de los distintos instrumentos técnicos y ejercicios prácticos en los laboratorios.

B. Objetivos del aprendizaje

Al término de este módulo, el alumno podrá:

a) adquirir conocimientos en profundidad de los actuales métodos técnicos, sensores e instrumentos que se utilizan en la protección física, y
b) aprender a seleccionar el equipo adecuado para satisfacer los requisitos de distintos sistemas de protección física.

C. Esquema del módulo

1. Función de un sistema de protección física
    - 1.1. Disuasión
    - 1.2. Detección
    - 1.3. Evaluación
    - 1.4. Dilación
    - 1.5. Respuesta
2. Detección de intrusiones
    - 2.1. Características del desempeño
        - 2.1.1. Probabilidad de detección
        - 2.1.2. Tasa de alarmas improcedentes
        - 2.1.3. Vulnerabilidad a la derrota
    - 2.2. Clasificación de los sensores
        - 2.2.1. Sensores activos y pasivos
        - 2.2.2. Sensores encubiertos y visibles
        - 2.2.3. Línea volumétrica de detección
        - 2.2.4. Aplicación
3. Sensores
    - 3.1. Aplicaciones de sensores
        - 3.1.1. Sensores de línea enterrados
        - 3.1.2. Sensores de valla
        - 3.1.3. Sensores autónomos
    - 3.2. Sistemas de sensores perimetrales
        - 3.2.1. Concepto y objetivos de diseño
        - 3.2.2. Combinación y configuración de sensores
        - 3.2.3. Sistemas para emplazamientos específicos
        - 3.2.4. Efectos ambientales y selección de sensores
    - 3.3. Sensores de penetración de las fronteras
    - 3.4. Sensores electromecánicos
    - 3.5. Sensores sónicos pasivos
    - 3.6. Sensores infrarrojos activos
    - 3.7. Sensores de cable de fibra óptica
    - 3.8. Sensores de movimiento en interiores
    - 3.9. Sensores de microondas

3.10. Sensores infrarrojos pasivos
3.11. Sensores de tecnología dual
3.12. Sensores de presión
3.13. Sensores de proximidad
3.14. Otros sensores
4. Integración de sistemas de protección física
4.1. Selección e integración de distintos sensores
4.2. Integración con sistemas de evaluación por vídeo
4.3. Integración con sistemas de dilación del acceso
5. Comunicación y visualización de alarmas
5.1. Medidas de desempeño
5.1.1. Probabilidad de detección evaluada
5.1.2. Carga de trabajo de los operadores
5.2. Sistemas de notificación de alarmas
5.3. Sistemas de comunicación de alarmas
5.3.1. Arquitectura de comunicación
5.3.2. Métodos de transmisión
5.3.3. Seguridad de la comunicación
5.4. Visualización de alarmas y ergonomía
5.5. Procesamiento de las alarmas
5.6. Consideraciones de diseño adicionales
6. Evaluación de las alarmas
6.1. Medidas de desempeño
6.1.1. Probabilidad de evaluación
6.1.2. Relación entre luz y oscuridad
6.1.3. Resolución
6.2. Sistemas de evaluación de las alarmas
6.3. Sistemas de evaluación de las alarmas por vídeo
6.3.1. Videocámaras y lentes
6.3.2. Resolución y campo visual
6.3.3. Sistemas de iluminación
6.3.4. Transmisión por vídeo
6.3.5. Vigilancia en tiempo real
6.4. Consideraciones de diseño adicionales
6.5. Evaluación de las alarmas por las fuerzas de respuesta
7. Control de la entrada
7.1. Medidas de desempeño
7.1.1. Probabilidad de detección
7.1.2. Tasa de alarmas improcedentes
7.1.3. Tasa de alarmas falsas

        7.1.4. Vulnerabilidad a los engaños
        7.1.5. Tasas de aceptación falsa y rechazo falso
    7.2. Verificación de la identidad personal
    7.3. Seguimiento del personal
    7.4. Credenciales
    7.5. Identificación y verificación biométricas
    7.6. Control del acceso
8. Detección del contrabando
    8.1. Medidas de desempeño
        8.1.1. Probabilidad de detección
        8.1.2. Tasa de alarmas falsas
        8.1.3. Vulnerabilidad a los engaños
    8.2. Criterios
    8.3. Detectores y escáneres
    8.4. Detección de explosivos a granel y en trazas
    8.5. Detección de material nuclear
9. Dilación del acceso
    9.1. Medida de desempeño
        9.1.1. Tiempo para superar una barrera (en función de los materiales de la barrera y los instrumentos)
    9.2. Función de la dilación del acceso
        9.2.1. Post-detección
    9.3. Barreras pasivas/fijas
    9.4. Barreras activas/pulverizables
    9.5. Configuración del sistema
10. Equipo de las fuerzas de respuesta
    10.1. Equipo de comunicación
    10.2. Armas y equipo de protección
    10.3. Otro equipo

D. Ejercicios

i) Estudio de caso: selección de sensores para el perímetro del reactor de investigación (según los planos y descripciones proporcionados).
ii) Estudio de caso: selección de sensores para la sala de control del reactor de investigación, almacenes de combustible no irradiado y gastado (según los planos y descripciones proporcionados).
iii) Ejercicio práctico: selección del equipo necesario, diseño y evaluación de un sistema de protección física que satisfaga los requisitos descritos.

E. Trabajo de laboratorio

i) Familiarización con los sensores.
ii) Grado de sensibilidad de los sensores seleccionados.
iii) Revisión de las imágenes de vídeo.
iv) Evaluación de las alarmas.

F. Lecturas recomendadas

GARCIA, M.L., Vulnerability Assessment of Physical Protection Systems, Butterworth-Heinemann, Oxford (2006).

— The Design and Evaluation of Physical Protection Systems, 2nd edn, Butterworth-Heinemann, Oxford (2008).

ORGANISMO INTERNACIONAL DE ENERGÍA ATÓMICA (Viena).

Physical Protection of Nuclear Materials: Experience in Regulation, Implementation and Operations (Proc. Int. Conf. Vienna, 1997) (1998).

Código de Conducta sobre la Seguridad Tecnológica y Física de las Fuentes Radiactivas, 2004.

Amendment to the Convention on the Physical Protection of Nuclear Material, IAEA International Law Series No. 2 (2006).

Recomendaciones de Seguridad Física Nuclear sobre la Protección Física de los Materiales y las Instalaciones Nucleares (INFCIRC/225/Rev.5), Colección de Seguridad Física Nuclear del OIEA Nº 13, 2012.

Recomendaciones de Seguridad Física Nuclear sobre Materiales Radiactivos e Instalaciones Conexas, Colección de Seguridad Física Nuclear del OIEA Nº 14, 2012.

Handbook on the Design of Physical Protection Systems for Nuclear Material and Nuclear Facilities, IAEA Nuclear Security Series No. 40-T (2021).

TALBOT, J., JAKEMAN, M., Security Risk Management: Body of Knowledge, John Wiley and Sons, Hoboken, NJ (2009).

Convención sobre la Protección Física de los Materiales Nucleares, INFCIRC/274/Rev. 1, OIEA, Viena (1980).

Seguridad física nuclear – Medidas de protección contra el terrorismo nuclear: Enmienda de la Convención sobre la Protección Física de los Materiales Nucleares, GOV/INF/2005/10-GC(49)/INF/6, OIEA, Viena, 2005.

NSC10. USO DE LA CONTABILIDAD Y EL CONTROL DE LOS MATERIALES NUCLEARES (NMAC) EN ARAS DE LA SEGURIDAD FÍSICA NUCLEAR

A. Breve descripción

En este módulo se describe un sistema nacional de contabilidad y control y su función en las instalaciones nucleares y radiológicas. Se prestará especial atención a la realización de inspecciones nacionales y a las actividades de realización del inventario físico. Este módulo se centra también en las salvaguardias internacionales, lo cual ayudará a los alumnos a comprender la función del OIEA y las medidas y actividades de salvaguardia internacionales.

B. Objetivos del aprendizaje

Al término de este módulo, el alumno podrá:

a) definir y describir un sistema estatal de contabilidad y control de materiales nucleares y otros materiales radiactivos;
b) familiarizarse con las salvaguardias internacionales, y
c) disponer sistemas nacionales de contabilidad y control de materiales nucleares en instalaciones con material a granel y en unidades, realizar inspecciones nacionales y analizar y comunicar los resultados del inventario físico como parte de las medidas estatales más amplias de seguridad física nuclear.

C. Esquema del módulo

1. Diferencias entre los programas de NMAC internacionales y nacionales
2. Función de la NMAC en el uso, el almacenamiento y el procesamiento de material nuclear y protección frente a las amenazas de agentes internos y las amenazas externas

3. Gestión del sistema de NMAC
    3.1. Organización y estructura
    3.2. Funciones y responsabilidades
    3.3. Control de la calidad
4. Contabilidad de material nuclear
    4.1. Zonas de balance de materiales
    4.2. Realización del inventario físico del material nuclear
    4.3. Contabilidad de las diferencias en el inventario
    4.4. Prácticas de mantenimiento de registros
5. Controles del material nuclear
    5.1. Regla de la actuación en pareja
    5.2. Dispositivos de indicación de manipulación ilícita
    5.3. Medidas de protección física con fines de control
    5.4. Pórticos detectores de radiación y otros dispositivos de detección
    5.5. Comprobaciones administrativas
6. Traslado de material nuclear
    6.1. Envío, entradas, diferencias remitente/destinatario, transferencias y reubicaciones
7. Control de inventarios de otros materiales radiactivos
    7.1. Práctica de gestión prudente
8. Mediciones
    8.1. Análisis destructivo
    8.2. Análisis no destructivo
    8.3. Estadística de las mediciones y control de la calidad de las mediciones
9. Detección, investigación y resolución de anomalías e irregularidades
10. Evaluación y análisis del rendimiento del sistema de NMAC

D. Ejercicios

i) Ejercicio práctico: diseñar el sistema de contabilidad y control de materiales nucleares de un reactor nuclear con un laboratorio conexo de celda caliente para la producción de isótopos (zonas de balance de materiales, control de la producción y pérdida de materiales nucleares, entrada de los materiales nucleares seleccionados, envío de materiales nucleares y fuentes radiactivas, frecuencia de las inspecciones nacionales, realización del inventario físico).

E. Trabajo de laboratorio

Para este módulo no se proponen trabajos de laboratorio.

F. Lecturas recomendadas

ORGANISMO INTERNACIONAL DE ENERGÍA ATÓMICA (Viena).

Amendment to the Convention on the Physical Protection of Nuclear Material, IAEA International Law Series No. 2 (2006).

Nuclear Material Accounting Handbook, IAEA Services Series No. 15 (2008).

Cultura de la seguridad física nuclear, Colección de Seguridad Física Nuclear del OIEA Nº 7, 2017.

International Target Values 2010 for Measurement Uncertainties in Safeguarding Nuclear Materials, Safeguards Technical Report No. 368 (2010).

Recomendaciones de Seguridad Física Nuclear sobre la Protección Física de los Materiales y las Instalaciones Nucleares (INFCIRC/225/Rev.5), Colección de Seguridad Física Nuclear del OIEA Nº 13, 2012.

Empleo de la contabilidad y el control de materiales nucleares con fines de seguridad física nuclear en las instalaciones, Colección de Seguridad Física Nuclear del OIEA Nº 25-G, 2019.

Medidas de prevención y de protección contra las amenazas de agentes internos, Colección de Seguridad Física Nuclear del OIEA Nº 8-G (Rev. 1), 2022.

SIEGEL, J., STEINBRUNER, J., GALLAGHER, N., Comprehensive Nuclear Material Accounting: A Proposal to Reduce Global Nuclear Risk, Center for International and Security Studies at Maryland, College Park, MD (2014).

STOIBER, C., BAER, A., PELZER, N., TONHAUSER, W., *Manual de derecho nuclear*, OIEA, Viena, 2006.

STOIBER, C., CHERF, A., TONHAUSER, W., VEZ CARMONA, M., *Manual de derecho nuclear: Legislación de aplicación,* OIEA, Viena, 2012.

WILLIAMS, M., On the Importance of MC&A to Nuclear Security, CISSM Working Paper, Center for International and Security Studies at Maryland, College Park, MD (2014).

Convención sobre la Protección Física de los Materiales Nucleares, INFCIRC/274/Rev. 1, OIEA, Viena, 1980.

Resolución 1540 del Consejo de Seguridad de las Naciones Unidas, resolución S/RES/1540, Naciones Unidas, Nueva York, 2004.

Seguridad física nuclear – Medidas de protección contra el terrorismo nuclear: Enmienda de la Convención sobre la Protección Física de los Materiales Nucleares, GOV/INF/2005/10-GC(49)/INF/6, OIEA, Viena, 2005.

NSC11. PREVENCIÓN Y PROTECCIÓN FRENTE A AMENAZAS DE AGENTES INTERNOS

A. Breve descripción

En este módulo figura una descripción general de la amenaza de agentes internos (sus capacidades, motivación y categorías). También se describen las situaciones que se deben tener en cuenta al analizar las amenazas de agentes internos. El módulo se centra asimismo en las medidas de prevención y protección que se deben formular y ejecutar contra posibles amenazas de agentes internos.

B. Objetivos del aprendizaje

Al término de este módulo, el alumno podrá:

a) diferenciar entre las capacidades y motivaciones de posibles adversarios internos, y
b) diseñar y formular medidas para prevenir este tipo de amenaza y proteger la instalación frente a ella.

C. Esquema del módulo

1. Reconocimiento de posibles amenazas de agentes internos
    1.1. Capacidades de los agentes internos
        1.1.1. Acceso
        1.1.2. Autoridad
        1.1.3. Conocimientos
    1.2. Motivaciones de los agentes internos
        1.2.1. Ideológicas
        1.2.2. Económicas

1.2.3. Venganza
1.2.4. Ego
1.2.5. Psicológicas
1.2.6. Coacciones
1.3. Categorías de amenazas de agentes internos
1.3.1. Pasivas o activas
1.3.2. Violentas o no violentas
2. Situaciones que se deben tener en cuenta al analizar las amenazas de agentes internos
2.1. Dentro de la instalación
2.1.1. Disputas industriales y de la fuerza de trabajo
2.1.2. Ausencia de una cultura de la seguridad física
2.1.3. Aumento temporal de las autorizaciones de acceso (construcción, mantenimiento)
2.2. Fuera de la instalación
2.2.1. Proximidad de rutas de transporte
2.2.2. Tipo de alrededores (urbanos o rurales)
2.2.3. Actitudes de la comunidad local frente a la instalación
2.2.4. Proximidad de grupos o actividades hostiles
2.2.5. Presencia de grupos descontentos de población en las inmediaciones
2.2.6. Disturbios políticos o civiles
3. Determinación de blancos
3.1. Blancos de actos de sabotaje
3.2. Blancos relacionados con retiradas no autorizadas
4. Medidas contra posibles amenazas de agentes internos
4.1. Enfoque general
4.2. Elaboración de un enfoque amplio
4.3. Medidas preventivas
4.4. Medidas de protección
4.4.1. Detección
4.4.2. Dilación
4.4.3. Respuesta
4.4.4. Planes de contingencia
5. Evaluación de las medidas preventivas y de protección
5.1. Objetivos y panorama general del proceso de evaluación
5.2. Evaluación de las medidas preventivas
5.3. Evaluación de las medidas de protección

D. Ejercicios

i) Determinar la amenaza de agentes internos en el Instituto de Investigación Nuclear Shapash (una instalación hipotética).

E. Trabajo de laboratorio

Para este módulo no se proponen trabajos de laboratorio.

F. Lecturas recomendadas

ORGANISMO INTERNACIONAL DE ENERGÍA ATÓMICA, *Medidas de prevención y de protección contra las amenazas de agentes internos, Colección de Seguridad Física Nuclear del OIEA* Nº 8-G (Rev. 1), OIEA, Viena, 2022.

PARKER, C., Insider threats biggest challenge to nuclear security, CISAC News, Center for International Security and Cooperation (9 Apr. 2014).

SNOW, C., PEDERSON, A., TOWNSEND, J., SHANNON, M., Review of July 2013 Nuclear Security Insider Threat Exercise, ORNL/TM-2013/530, Oak Ridge National Laboratory, Oak Ridge, TN (2013).

THE WHITE HOUSE, Joint Statement on Insider Threat Mitigation (1 Apr. 2016).

NSC12. SEGURIDAD FÍSICA DE MATERIALES NUCLEARES Y OTROS MATERIALES RADIACTIVOS DURANTE SU TRANSPORTE

A. Breve descripción

En este módulo figura una descripción exhaustiva de los requisitos y reglamentos internacionales en materia de seguridad física y seguridad tecnológica del transporte, así como medidas prácticas para las disposiciones de seguridad física del transporte, entre ellas definiciones de medidas de seguridad física, la preparación de un plan de seguridad física y la selección de las tecnologías de seguridad física necesarias.

B. Objetivos del aprendizaje

Al término de este módulo, el alumno podrá:

a) delinear los requisitos internacionales en materia de seguridad física del transporte;
b) utilizar directrices prácticas para formular medidas de seguridad física para el transporte de materiales nucleares y otros materiales radiactivos, y
c) seleccionar y ejecutar medidas y tecnologías de seguridad física del transporte.

C. Esquema del módulo

1. Características y objetivos de la seguridad física del transporte
   1.1. Aspectos de la seguridad física del transporte e interrelación con la seguridad tecnológica
   1.2. Resolver el desafío derivado de encontrar el equilibrio entre los requisitos de seguridad tecnológica en el transporte y los requisitos de seguridad física del transporte
   1.3. Tipos de amenaza
   1.4. Posibles consecuencias
2. Requisitos y orientaciones internacionales y nacionales
   2.1. Instrumentos jurídicos internacionales y orientaciones del OIEA en relación con los materiales nucleares y otros materiales radiactivos
      2.1.1. Convención sobre la Protección Física de los Materiales Nucleares
      2.1.2. Enmienda de 2005 de la Convención sobre la Protección Física de los Materiales Nucleares
      2.1.3. Resoluciones del Consejo de Seguridad de las Naciones Unidas
      2.1.4. Protección física de los materiales nucleares (véase la *Colección de seguridad física nuclear del OIEA* Nº 13, *Recomendaciones de Seguridad Física Nuclear sobre la Protección Física de los Materiales y las Instalaciones Nucleares (INFCIRC/225/Rev.5)*, y 26-G, *Seguridad Física de los Materiales Nucleares durante el Transporte*)
      2.1.5. Transporte de mercancías peligrosas
      2.1.6. Seguridad física de las fuentes radiactivas
      2.1.7. Seguridad física del transporte de materiales radiactivos
   2.2. Responsabilidades del Estado
   2.3. Instituciones internacionales pertinentes para la seguridad física del transporte (IATA, OACI, OMI, CEPE, WNTI)
   2.4. Cooperación con otros Estados y el OIEA
   2.5. Cooperación y reglamentos regionales sobre el transporte de mercancías peligrosas
      2.5.1. Acuerdo Europeo sobre Transporte Internacional de Mercancías Peligrosas por Carretera (ADR) (CEPE)

2.5.2. Acuerdo Europeo relativo al Transporte Internacional de Mercancías Peligrosas por Vías Navegables Interiores (ADN) (CEPE)

2.5.3. MERCOSUR

3. Función de los reglamentos sobre seguridad tecnológica del transporte en la seguridad física del transporte de materiales nucleares
   3.1. Índices de transporte y niveles de seguridad física pertinentes
   3.2. Seguridad tecnológica del material radiactivo durante su transporte
   3.3. Preparación de bultos
   3.4. Concesión de licencias
   3.5. Base de datos internacional de contenedores de transporte
4. Seguridad física de los materiales nucleares y otros materiales radiactivos durante su transporte
   4.1. Caracterización de materiales nucleares y radiactivos para su transporte
   4.2. Niveles de seguridad y categorías de bultos
   4.3. Base de datos de información aduanera
   4.4. Responsabilidades del Estado y del operador
   4.5. Principios generales de seguridad física para la formulación de un régimen de seguridad física
   4.6. Umbrales de actividad para los bultos radiactivos
   4.7. Disposiciones sobre seguridad física (por ejemplo, nivel de seguridad física, cerraduras de seguridad física, capacitación, identidad del personal, seguimiento, comunicación, planes de seguridad física, notificación)
   4.8. Expedición internacional
5. Plan de seguridad física del transporte
   5.1. Objetivos y contenido del plan de seguridad física del transporte
   5.2. Requisitos administrativos
   5.3. Descripción del sistema de seguridad física (por ejemplo, rutas previstas y alternativas, comunicación, rastreo de la posición)
   5.4. Planificación de la respuesta
6. Tecnologías de seguridad física del transporte
   6.1. Vehículos de carga y de escolta
   6.2. Tecnologías de seguridad física del transporte (por ejemplo, sensores, alarmas, comunicación, dilación del acceso, inutilización a distancia)

D. Ejercicios

i) Simulación: identificación de medidas de seguridad física y elaboración de un plan de seguridad física para el transporte de conjuntos combustibles de uranio muy enriquecido irradiado desde la instalación de almacenamiento.

ii) Elaboración del plan de seguridad física del transporte.
iii) Evaluación de la vulnerabilidad del transporte.
iv) Establecimiento de niveles de seguridad física para el transporte de materiales radiactivos de categorías diversas.

E. Trabajo de laboratorio

Para este módulo no se proponen trabajos de laboratorio.

F. Lecturas recomendadas

EUROPEAN POLICE OFFICE, INTERNATIONAL ATOMIC ENERGY AGENCY, INTERNATIONAL POLICE ORGANIZATION, WORLD CUSTOMS ORGANIZATION, Combating Illicit Trafficking in Nuclear and Other Radioactive Material, IAEA Nuclear Security Series No. 6, IAEA, Vienna (2007).

AGENCIA PARA LA ENERGÍA NUCLEAR DE LA OCDE, COMISIÓN PREPARATORIA DE LA ORGANIZACIÓN DEL TRATADO DE PROHIBICIÓN COMPLETA DE LOS ENSAYOS NUCLEARES, OFICINA DE COORDINACIÓN DE ASUNTOS HUMANITARIOS DE LAS NACIONES UNIDAS, ORGANISMO INTERNACIONAL DE ENERGÍA ATÓMICA, ORGANIZACIÓN DE AVIACIÓN CIVIL INTERNACIONAL, ORGANIZACIÓN DE LAS NACIONES UNIDAS PARA LA ALIMENTACIÓN Y LA AGRICULTURA, ORGANIZACIÓN INTERNACIONAL DEL TRABAJO, ORGANIZACIÓN INTERNACIONAL DE POLICÍA CRIMINAL (INTERPOL), ORGANIZACIÓN MARÍTIMA INTERNACIONAL, ORGANIZACIÓN METEOROLÓGICA MUNDIAL, ORGANIZACIÓN MUNDIAL DE LA SALUD, ORGANIZACIÓN PANAMERICANA DE LA SALUD, PROGRAMA DE LAS NACIONES UNIDAS PARA EL MEDIO AMBIENTE, *Preparación y respuesta para casos de emergencia nuclear o radiológica, Colección de Normas de Seguridad del OIEA* Nº GSR Part 7, OIEA, Viena, 2018.

ORGANISMO INTERNACIONAL DE ENERGÍA ATÓMICA (Viena).

Planificación y preparación de medidas de respuesta a emergencias en los accidentes de transporte que afecten a materiales radiactivos, *Colección de Normas de Seguridad del OIEA* Nº TS-G-1.2 (ST-3), OIEA, Viena, 2009.

Método para elaborar disposiciones de respuesta a emergencias nucleares o radiológicas, EPR-METHOD 2003, 2009.

Código de Conducta sobre la Seguridad Tecnológica y Física de las Fuentes Radiactivas, 2004.

Amendment to the Convention on the Physical Protection of Nuclear Material, IAEA International Law Series No. 2 (2006).

Recomendaciones de Seguridad Física Nuclear sobre la Protección Física de los Materiales y las Instalaciones Nucleares (INFCIRC/225/Rev.5), Colección de Seguridad Física Nuclear del OIEA Nº 13, 2012.

Directrices sobre la Importación y Exportación de Fuentes Radiactivas, 2012.

Material explicativo para la aplicación del Reglamento del OIEA para el Transporte Seguro de Materiales Radiactivos (Edición de 2012), Colección de Normas de Seguridad del OIEA Nº SSG-26, 2016.

Reglamento para el Transporte Seguro de Materiales Radiactivos - Edición de 2018, Colección de Normas de Seguridad del OIEA Nº SSR-6 (Rev. 1), 2019.

La seguridad física de los materiales radiactivos durante su transporte, Colección de Seguridad Física Nuclear del OIEA Nº 9-G (Rev. 1), 2022.

Handbook on the Design of Physical Protection Systems for Nuclear Material and Nuclear Facilities, IAEA Nuclear Security Series No. 40-T (2021).

INTERNATIONAL ATOMIC ENERGY AGENCY, UNIVERSAL POSTAL UNION, WORLD CUSTOMS ORGANIZATION, Monitoring for Radioactive Material in International Mail Transported by Public Postal Operators, IAEA Nuclear Security Series No. 3, IAEA, Vienna (2006).

NACIONES UNIDAS, *Recomendaciones relativas al transporte de mercancías peligrosas,* vigesimoprimera versión revisada, 2 vols., Naciones Unidas, Nueva York, 2019.

UNITED NATIONS ECONOMIC COMMISSION FOR EUROPE, Agreement concerning the International Carriage of Dangerous Goods by Road (ADR), ECE/TRANS/300, 2 vols, UNITED NATIONS, New York and Geneva (2020).

— European Agreement Concerning the International Carriage of Dangerous Goods by Inland Waterways (ADN), ECE/TRANS/301, 2 vols, UNITED NATIONS, New York and Geneva (2020).

Convenio sobre las infracciones y ciertos otros actos cometidos a bordo de las aeronaves, Tokio, 1963.

Convenio para la represión del apoderamiento ilícito de aeronaves, La Haya, 1970.

Convenio para la represión de actos ilícitos contra la seguridad de la aviación civil, OACI, Montreal, 1971.

Convención sobre la Protección Física de los Materiales Nucleares, INFCIRC/274/Rev. 1, OIEA, Viena, 1980.

Convenio para la Represión de Actos Ilícitos contra la Seguridad de la Navegación Marítima, OMI, Roma, 1998, y Protocolo, 2005.

Seguridad en el transporte de materiales radiactivos; GOV/1998/17, OIEA, Viena, 1998.

Seguridad física nuclear – Medidas de protección contra el terrorismo nuclear: Enmienda de la Convención sobre la Protección Física de los Materiales Nucleares, GOV/INF/2005/10-GC(49)/INF/6, OIEA, Viena, 2005.

Convenio sobre Aviación Civil Internacional (Convenio de Chicago), novena edición, OACI, Montreal, 2006.

Reglamento relativo al Transporte Internacional por Ferrocarril de Mercancías Peligrosas (RID), Apéndice C del Convenio relativo a los Transportes Internacionales por Ferrocarril, 2017.

Código Marítimo Internacional de Mercancías Peligrosas (incluidas las enmiendas 39-18), edición de 2018, OMI, Londres, 2018.

NSC13. SEGURIDAD INFORMÁTICA PARA UN MUNDO NUCLEAR

A. Breve descripción

En este módulo figuran conocimientos teóricos y prácticos sobre métodos de seguridad física para las computadoras y los sistemas informáticos. El aprendizaje se basa en conferencias teóricas, ejemplos del mundo real y ejercicios prácticos.

B. Objetivos del aprendizaje

Tras finalizar con éxito este módulo, los alumnos tendrán conocimientos de seguridad informática pertinentes para la seguridad física nuclear y podrán explicar y poner ejemplos en relación con los controles de seguridad informática que se utilizan tanto en los sistemas de información como en los sistemas de control industrial pertinentes para las instalaciones y operaciones relacionadas con los materiales nucleares y otros materiales radiactivos.

C. Esquema del módulo

1. Introducción a conceptos de seguridad informática
    - 1.1. Funcionamiento de un sistema informático
    - 1.2. Sistemas informáticos existentes en el ámbito nuclear
        - 1.2.1. Tecnología de la información
        - 1.2.2. Tecnología operacional
    - 1.3. Información de carácter sensible y activos digitales de carácter sensible
    - 1.4. Principios de confidencialidad, integridad y disponibilidad
    - 1.5. Medidas de control de la seguridad informática
        - 1.5.1. Controles técnicos
        - 1.5.2. Controles administrativos
        - 1.5.3. Controles físicos
2. Ciberamenaza
    - 2.1. Agentes de amenazas
    - 2.2. Tipos de ataque y vectores comunes de ataques
    - 2.3. Posibles consecuencias de un ataque
    - 2.4. Anatomía de un ataque
    - 2.5. Estudios de casos de ataques reales
3. Ciberamenaza de agentes internos
    - 3.1. Características de una amenaza de agentes internos
    - 3.2. Métodos de prevención
    - 3.3. Métodos de detección
4. Política, programa y reglamento de seguridad informática
    - 4.1. Fundamentos para la seguridad informática en el ámbito nuclear
        - 4.1.1. Instrumentos internacionales
        - 4.1.2. *Colección de Seguridad Física Nuclear del OIEA*
        - 4.1.3. Reglamentos
    - 4.2. Formulación de políticas
    - 4.3. Elementos del programa
    - 4.4. Modelos para los reglamentos de seguridad informática

5. Los controles de seguridad informática en profundidad
    5.1. Principios de control del acceso
    5.2. Fundamentos de biometría
    5.3. Introducción al cifrado
6. Aspectos básicos de la seguridad física de las redes
    6.1. Arquitecturas y componentes de redes
    6.2. Fundamentos de la comunicación en red
    6.3. Cortafuegos y redes de zonas desmilitarizadas
    6.4. Seguridad inalámbrica
    6.5. Sistemas de detección de intromisiones (IDS) y sistemas de prevención de intromisiones (IPS)
    6.6. Consideraciones sobre el acceso a distancia
7. Introducción a los programas maliciosos y *exploits*
    7.1. Indicios de peligro informático
    7.2. Tipos de programas maliciosos
    7.3. *Exploits* de día cero
8. Sistemas de control industrial
    8.1. Arquitecturas y componentes de los sistemas de control industrial
    8.2. Diferencias entre la tecnología de la información y los sistemas de control industrial
    8.3. Defensa en profundidad
    8.4. Niveles de seguridad y el modelo de zonas
    8.5. Interfaz entre seguridad tecnológica y seguridad física
9. Cultura de la seguridad física e impacto del factor humano
    9.1. El error humano en la seguridad informática
    9.2. Cultura de la seguridad física
    9.3. Ingeniería social
    9.4. Función de los recursos humanos en la seguridad informática
    9.5. Función de la capacitación
10. Realización de evaluaciones de la seguridad informática
    10.1. Tipos de evaluación
    10.2. Análisis de la vulnerabilidad
    10.3. Medición del desempeño de la seguridad informática
11. Evaluación y gestión del riesgo
    11.1. Principios de evaluación del riesgo
    11.2. Tratamiento del riesgo
12. Gestión de la seguridad informática
    12.1. Procesos de gestión
    12.2. Gestión de la configuración
    12.3. Gestión de los parches

12.4. Seguridad en el ciclo de vida de los sistemas informáticos
12.5. Seguridad física en la gestión de los suministros

13. Respuesta a incidentes de seguridad informática
    13.1. Fases de la respuesta a los incidentes
    13.2. Grupo de respuesta a emergencias informáticas
    13.3. Investigación del lugar del delito digital

D. Ejercicios

i) realización de una evaluación del riesgo de incidente de seguridad informática, y
ii) diseño de un sistema de control de la seguridad informática para una instalación nuclear.

E. Trabajo de laboratorio

Para este módulo no se proponen trabajos de laboratorio.

F. Lecturas recomendadas

ORGANISMO INTERNACIONAL DE ENERGÍA ATÓMICA (Viena).

Recomendaciones de Seguridad Física Nuclear sobre la Protección Física de los Materiales y las Instalaciones Nucleares (INFCIRC/225/Rev.5), Colección de Seguridad Física Nuclear del OIEA Nº 13, 2012.

Objetivo y elementos esenciales del régimen de seguridad física nuclear de un Estado, Colección de Seguridad Física Nuclear del OIEA, Nº 20, 2014.

Seguridad física de la información nuclear, Colección de Seguridad Física Nuclear del OIEA Nº 23-G, 2018.

NSC14. DETECCIÓN DE ACTOS DELICTIVOS U OTROS ACTOS NO AUTORIZADOS QUE GUARDAN RELACIÓN CON MATERIALES NUCLEARES Y OTROS MATERIALES RADIACTIVOS NO SOMETIDOS A CONTROL REGLAMENTARIO

A. Breve descripción

Este módulo pone de manifiesto la necesidad de contar con una segunda línea de defensa sólida en un Estado; es decir, con capacidades eficaces para detectar e interceptar el traslado no autorizado de materiales nucleares y otros materiales radiactivos tanto en las fronteras como dentro del Estado. El módulo ofrece los componentes fundamentales necesarios para elaborar y ejecutar estrategias de detección eficaces y mantener sistemas de detección.

B. Objetivos del aprendizaje

Al término de este módulo, el alumno podrá:

a) explicar y aplicar los principios de detección de actos delictivos u otros actos no autorizados relacionados con materiales nucleares y otros materiales radiactivos, elemento importante de un sistema completo de seguridad física nuclear;
b) delinear los principales sistemas de detección y formular recomendaciones en materia de estrategias de prevención y detección en fronteras, puntos estratégicos y otros lugares de importancia, y
c) comprender las características de diseño, los procedimientos para el seguimiento del desempeño y la sostenibilidad de los sistemas de detección.

C. Esquema del módulo

1. Introducción a los materiales nucleares y otros materiales radiactivos no sometidos a control reglamentario
2. Base para establecer una arquitectura nacional de detección en la esfera de la seguridad física nuclear
    - 2.1. Estrategia nacional de detección en la esfera de la seguridad física nuclear
    - 2.2. Marco jurídico y regulador
    - 2.3. Capacidades nacionales
    - 2.4. Cooperación internacional y regional
3. Diseño y desarrollo de la arquitectura nacional de detección en la esfera de la seguridad física nuclear
    - 3.1. Atributos de una detección eficaz en la esfera de la seguridad física nuclear
    - 3.2. Elementos estructurales y organizativos
    - 3.3. Función de la información en una detección eficaz en la esfera de la seguridad física nuclear
    - 3.4. Probidad del personal
    - 3.5. Función de la cultura de la seguridad física nuclear
4. Detección mediante instrumentos
    - 4.1. Instrumentos de detección
    - 4.2. Red de datos para instrumentos de detección

4.3. Inversiones en tecnología de detección y especificaciones operacionales
4.4. Evaluación de tecnologías de detección
4.5. Investigación y desarrollo en materia de tecnología de detección

5. Detección mediante alertas informativas
   5.1. Información operacional
   5.2. Informes de vigilancia médica
      5.2.1. Notificación de incumplimiento de las disposiciones reglamentarias
      5.2.2. Notificación de pérdida del control reglamentario

6. Evaluación inicial de alarmas y alertas
   6.1. Evaluación inicial de alarmas
   6.2. Evaluación inicial de alertas

7. Marco de aplicación
   7.1. Funciones y responsabilidades
   7.2. Plan para el despliegue de instrumentos
   7.3. Concepto de operaciones
   7.4. Educación, conciencia, capacitación y ejercicios
   7.5. Sostenibilidad

D. Ejercicios

i) Demostración del despliegue y el funcionamiento del equipo de detección radiológica en fronteras terrestres, puertos, aeropuertos y otros lugares de importancia.
ii) Simulación y sobre el terreno: procedimientos de respuesta que han de aplicarse tras la detección de materiales nucleares u otros materiales radiactivos no sometidos a control reglamentario en distintos casos.
iii) Funcionamiento de dispositivos portátiles para localizar y detectar fuentes ocultas en un vehículo.

E. Trabajo de laboratorio

i) Familiarización con los pórticos detectores de radiación.
ii) Familiarización con el equipo portátil de detección radiológica.
iii) Uso de técnicas espectroscópicas sobre el terreno.

F. Lecturas recomendadas

INSTITUTO INTERREGIONAL DE LAS NACIONES UNIDAS PARA INVESTIGACIONES SOBRE LA DELINCUENCIA Y LA JUSTICIA, OFICINA DE LAS NACIONES UNIDAS CONTRA LA DROGA Y EL DELITO,

OFICINA EUROPEA DE POLICÍA, ORGANISMO INTERNACIONAL DE ENERGÍA ATÓMICA, ORGANIZACIÓN DE AVIACIÓN CIVIL INTERNACIONAL, ORGANIZACIÓN INTERNACIONAL DE POLICÍA CRIMINAL–INTERPOL, ORGANIZACIÓN MUNDIAL DE ADUANAS, *Recomendaciones de Seguridad Física Nuclear sobre Materiales Nucleares y otros Materiales Radiactivos no Sometidos a Control Reglamentario*, *Colección de Seguridad Física Nuclear del OIEA* Nº 15, OIEA, Viena, 2012.

EUROPEAN POLICE OFFICE, INTERNATIONAL ATOMIC ENERGY AGENCY, INTERNATIONAL POLICE ORGANIZATION, WORLD CUSTOMS ORGANIZATION, Combating Illicit Trafficking in Nuclear and Other Radioactive Material, IAEA Nuclear Security Series No. 6, IAEA, Vienna (2007).

ORGANISMO INTERNACIONAL DE ENERGÍA ATÓMICA (Viena).

Identificación de fuentes y dispositivos radiactivos, *Colección de Seguridad Física Nuclear del OIEA* Nº 5, 2009.

Cultura de la seguridad física nuclear, *Colección de Seguridad Física Nuclear del OIEA* Nº 7, 2017.

Sistemas y medidas de seguridad física nuclear para grandes eventos públicos, *Colección de Seguridad Física Nuclear del OIEA* Nº 18, 2018.

Sistemas y medidas de seguridad física nuclear para la detección de material nuclear y otro material radiactivo no sometido a control reglamentario, *Colección de Seguridad Física Nuclear del OIEA* Nº 21, 2020.

Seguridad física de los materiales nucleares durante el transporte, *Colección de Seguridad Física Nuclear del OIEA* Nº 26-G, 2021.

Seguridad física de los materiales radiactivos durante su uso y almacenamiento y de las instalaciones conexas, *Colección de Seguridad Física Nuclear del OIEA* Nº 11-G (Rev. 1), 2022.

La seguridad física de los materiales radiactivos durante su transporte, *Colección de Seguridad Física Nuclear del OIEA* Nº 9-G (Rev. 1), 2022.

ORGANISMO INTERNACIONAL DE ENERGÍA ATÓMICA, ORGANIZACIÓN INTERNACIONAL DE POLICÍA CRIMINAL-INTERPOL,

Enfoque basado en el conocimiento de los riesgos en materia de medidas de seguridad física nuclear para los materiales nucleares y otros materiales radiactivos no sometidos a control reglamentario, *Colección de Seguridad Física Nuclear del OIEA* Nº 24-G, OIEA, Viena, 2022.

INTERNATIONAL ATOMIC ENERGY AGENCY, UNIVERSAL POSTAL UNION, WORLD CUSTOMS ORGANIZATION, Monitoring for Radioactive Material in International Mail Transported by Public Postal Operators, IAEA Nuclear Security Series No. 3, IAEA, Vienna (2006).

Resolución 1373 del Consejo de Seguridad de las Naciones Unidas, S/RES/1373, Naciones Unidas, Nueva York, 2001.

Resolución 1540 del Consejo de Seguridad, S/RES/1540, Naciones Unidas, Nueva York, 2004.

NSC15. RESPUESTA A LOS ACTOS DELICTIVOS U OTROS ACTOS NO AUTORIZADOS QUE GUARDAN RELACIÓN CON MATERIALES NUCLEARES Y OTROS MATERIALES RADIACTIVOS NO SOMETIDOS A CONTROL REGLAMENTARIO

A. Breve descripción

En este módulo se hace hincapié en la respuesta a actos delictivos u otros actos no autorizados relacionados con materiales nucleares y otros materiales radiactivos. El módulo contiene una descripción detallada de todos los aspectos de la respuesta, como la instrumentación de detección radiológica y el equipo de protección personal, la caracterización del lugar, la gestión de la respuesta y los procedimientos de emergencia, la evaluación radiológica, el control de la contaminación y los primeros auxilios médicos.

B. Objetivos del aprendizaje

Tras finalizar con éxito este módulo, los alumnos podrán determinar y aplicar los requisitos y técnicas operacionales para responder a actos delictivos u otros actos no autorizados relacionados con materiales nucleares y otros materiales radiactivos.

C. Esquema del módulo

1. Introducción
   1.1. Panorama general de los reglamentos
   1.2. Función del órgano regulador
   1.3. Organizaciones de respuesta
   1.4. Plan nacional de respuesta
   1.5. Operaciones en el lugar del delito
   1.6. Requisitos internacionales
2. Respuesta a las alarmas
   2.1. Respuesta a alarmas de instrumentos
   2.2. Respuesta a alertas mediante la recopilación y evaluación de información
   2.3. Respuesta a alarmas o alertas como consecuencia de materiales nucleares o radiactivos que no están sometidos a control reglamentario
   2.4. Respuesta a alarmas o alertas mediante la notificación de un suceso relacionado con la seguridad física nuclear
3. Gestión de la respuesta
   3.1. Prioridades
   3.2. Organizaciones de respuesta
   3.3. Plan de respuesta rápida
   3.4. Preparación
4. Preparación y respuesta para casos de emergencia
   4.1. Elementos básicos (responsabilidades, gestión, coordinación)
   4.2. Notificación y activación
   4.3. Adopción de medidas de mitigación y de protección
   4.4. Preparación y respuesta para casos de emergencia médica
      4.4.1. Prioridades
      4.4.2. Precauciones
      4.4.3. Traslado al hospital
      4.4.4. Seguimiento
   4.5. Comunicación con el público
      4.5.1. Relaciones con los medios de comunicación y estrategia al respecto
      4.5.2. Punto de recepción de los medios de comunicación
      4.5.3. Métodos de comunicación
      4.5.4. Comunicados de prensa escritos
      4.5.5. Medios de comunicación electrónicos
      4.5.6. Necesidades y operaciones de las oficinas de prensa

4.6. Protección de los trabajadores de emergencias
4.7. Plan de respuesta a emergencias
4.8. Infraestructura necesaria (procedimientos, herramientas, logística e instalaciones y lugares para la respuesta a emergencias)

5. Aplicación del equipo de detección y de protección personal durante la detección
   5.1. Medición de la radiación gamma ambiental
   5.2. Medición de la contaminación superficial
   5.3. Medición de la contaminación del aire
   5.4. Identificación de isótopos
   5.5. Dosímetros y evaluación de dosis
   5.6. Equipo de protección personal
6. Incautación de material radiactivo
   6.1. Medidas de protección radiológica
   6.2. Investigación y recopilación de pruebas
   6.3. Almacenamiento provisional y transporte
   6.4. Notificación y devolución bajo control reglamentario
7. Enjuiciamiento
   7.1. Disposiciones jurídicas previstas en la legislación nacional
   7.2. Funciones y estrategias de los organismos gubernamentales nacionales clave
   7.3. Procesos y métodos para recopilar, documentar y conservar pruebas con fines de enjuiciamiento
8. Gestión de las consecuencias en materia de seguridad física nuclear
   8.1. Evaluación, búsqueda e identificación y neutralización de dispositivos de dispersión radiactiva (DDR)
   8.2. Dispersión de material radiactivo, fundamentos de un sistema de gestión de incidentes que incluya la evaluación, el rescate, la recuperación y la restauración
   8.3. Recuperación y devolución de materiales nucleares y otros materiales radiactivos sometidos a control reglamentario
   8.4. Cooperación y coordinación interinstitucionales
   8.5. Parámetros y limitaciones jurídicos
   8.6. Gestión de víctimas en grandes cantidades

D. Ejercicios

i) Ejercicio con equipo de protección personal.
ii) Simulación: Gestión de la respuesta a los incidentes y procedimientos de emergencia.

E. Trabajo de laboratorio

Para este módulo no se proponen trabajos de laboratorio.

F. Lecturas recomendadas

INSTITUTO INTERREGIONAL DE LAS NACIONES UNIDAS PARA INVESTIGACIONES SOBRE LA DELINCUENCIA Y LA JUSTICIA, OFICINA DE LAS NACIONES UNIDAS CONTRA LA DROGA Y EL DELITO, OFICINA EUROPEA DE POLICÍA, ORGANISMO INTERNACIONAL DE ENERGÍA ATÓMICA, ORGANIZACIÓN DE AVIACIÓN CIVIL INTERNACIONAL, ORGANIZACIÓN INTERNACIONAL DE POLICÍA CRIMINAL–INTERPOL, ORGANIZACIÓN MUNDIAL DE ADUANAS, *Recomendaciones de Seguridad Física Nuclear sobre Materiales Nucleares y otros Materiales Radiactivos no Sometidos a Control Reglamentario, Colección de Seguridad Física Nuclear del OIEA* Nº 15, OIEA, Viena, 2012.

EUROPEAN POLICE OFFICE, INTERNATIONAL ATOMIC ENERGY AGENCY, INTERNATIONAL POLICE ORGANIZATION, WORLD CUSTOMS ORGANIZATION, Combating Illicit Trafficking in Nuclear and Other Radioactive Material, IAEA Nuclear Security Series No. 6, IAEA, Vienna (2007).

AGENCIA PARA LA ENERGÍA NUCLEAR DE LA OCDE, COMISIÓN PREPARATORIA DE LA ORGANIZACIÓN DEL TRATADO DE PROHIBICIÓN COMPLETA DE LOS ENSAYOS NUCLEARES, OFICINA DE COORDINACIÓN DE ASUNTOS HUMANITARIOS DE LAS NACIONES UNIDAS, ORGANISMO INTERNACIONAL DE ENERGÍA ATÓMICA, ORGANIZACIÓN DE AVIACIÓN CIVIL INTERNACIONAL, ORGANIZACIÓN DE LAS NACIONES UNIDAS PARA LA ALIMENTACIÓN Y LA AGRICULTURA, ORGANIZACIÓN INTERNACIONAL DEL TRABAJO, ORGANIZACIÓN INTERNACIONAL DE POLICÍA CRIMINAL (INTERPOL), ORGANIZACIÓN MARÍTIMA INTERNACIONAL, ORGANIZACIÓN METEOROLÓGICA MUNDIAL, ORGANIZACIÓN MUNDIAL DE LA SALUD, ORGANIZACIÓN PANAMERICANA DE LA SALUD, PROGRAMA DE LAS NACIONES UNIDAS PARA EL MEDIO AMBIENTE, *Preparación y respuesta para casos de emergencia nuclear o radiológica, Colección de Normas de Seguridad del OIEA* Nº GSR Part 7, OIEA, Viena, 2018.

OFICINA DE COORDINACIÓN DE ASUNTOS HUMANITARIOS DE LAS NACIONES UNIDAS, OFICINA INTERNACIONAL DEL

TRABAJO, ORGANISMO INTERNACIONAL DE ENERGÍA ATÓMICA, ORGANIZACIÓN DE LAS NACIONES UNIDAS PARA LA AGRICULTURA Y LA ALIMENTACIÓN, ORGANIZACIÓN MUNDIAL DE LA SALUD, ORGANIZACIÓN PANAMERICANA DE LA SALUD, *Disposiciones de preparación para emergencias nucleares o radiológicas, Colección de Normas de Seguridad del OIEA* Nº GS-G-2.1, OIEA, Viena, 2010.

OFICINA INTERNACIONAL DEL TRABAJO, ORGANISMO INTERNACIONAL DE ENERGÍA ATÓMICA, ORGANIZACIÓN DE LAS NACIONES UNIDAS PARA LA ALIMENTACIÓN Y LA AGRICULTURA, ORGANIZACIÓN MUNDIAL DE LA SALUD, ORGANIZACIÓN PANAMERICANA DE LA SALUD, *Criterios aplicables a la preparación y respuesta a situaciones de emergencia nuclear o radiológica, Colección de Normas de Seguridad del OIEA* Nº GS-G-2, OIEA, Viena, 2013.

INTERNATIONAL ASSOCIATION OF FIRE AND RESCUE SERVICES, PAN AMERICAN HEALTH ORGANIZATION, INTERNATIONAL ATOMIC ENERGY AGENCY, WORLD HEALTH ORGANIZATION, Manual for First Responders to a Radiological Emergency, EPR–First Responders 2006, IAEA, Vienna (2006).

ORGANISMO INTERNACIONAL DE ENERGÍA ATÓMICA (Viena).

Generic Procedures for Monitoring in a Nuclear or Radiological Emergency, IAEA-TECDOC-1092 (1999).

Generic Procedures for Assessment and Response during a Radiological Emergency, IAEA-TECDOC-1162 (2000).

Método para elaborar disposiciones de respuesta a emergencias nucleares o radiológicas, EPR-METHOD 2003, 2009.

Preparación, realización y evaluación de ejercicios de verificación de la preparación en caso de emergencia nuclear o radiológica, EPR-Exercise (2005), 2010.

Identificación de fuentes y dispositivos radiactivos, Colección de Seguridad Física Nuclear del OIEA Nº 5, 2009.

Comunicación con el público en caso de emergencia nuclear o radiológica, EPR-Public Communications 2012, 2013.

Sistemas y medidas de seguridad física nuclear para grandes eventos públicos, Colección de Seguridad Física Nuclear del OIEA Nº 18, 2018.

Método para la elaboración de una estrategia y un plan de comunicación para casos de emergencia nuclear o radiológica, EPR–Public Communication Plan 2015, 2016.

Criminalística nuclear en apoyo de las investigaciones, Colección de Seguridad Física Nuclear Nº 2-G (Rev. 1), 2022.

Seguridad física de los materiales radiactivos durante su uso y almacenamiento y de las instalaciones conexas, Colección de Seguridad Física Nuclear del OIEA Nº 11-G (Rev. 1), 2022.

ORGANISMO INTERNACIONAL DE ENERGÍA ATÓMICA, ORGANIZACIÓN INTERNACIONAL DE POLICÍA CRIMINAL-INTERPOL, *Enfoque basado en el conocimiento de los riesgos en materia de medidas de seguridad física nuclear para los materiales nucleares y otros materiales radiactivos no sometidos a control reglamentario, Colección de Seguridad Física Nuclear del OIEA* Nº 24-G, OIEA, Viena, 2022.

ORGANISMO INTERNACIONAL DE ENERGÍA ATÓMICA, ORGANIZACIÓN INTERNACIONAL DE POLICÍA CRIMINAL–INTERPOL, INSTITUTO INTERREGIONAL DE LAS NACIONES UNIDAS PARA INVESTIGACIONES SOBRE LA DELINCUENCIA Y LA JUSTICIA, *Gestión de la escena de un delito radiológico, Colección de Seguridad Física Nuclear del OIEA* Nº 22-G, OIEA, Viena, 2019.

INTERNATIONAL ATOMIC ENERGY AGENCY, UNIVERSAL POSTAL UNION, WORLD CUSTOMS ORGANIZATION, Monitoring for Radioactive Material in International Mail Transported by Public Postal Operators, IAEA Nuclear Security Series No. 3, IAEA, Vienna (2006).

INTERNATIONAL ATOMIC ENERGY AGENCY, WORLD HEALTH ORGANIZATION, Generic Procedures for Medical Response during a Nuclear or Radiological Emergency, EPR–MEDICAL 2005, IAEA, Vienna (2005).

Resolución S/RES/1373 del Consejo de Seguridad, Naciones Unidas, Nueva York, 2001.

Resolución 1540 del Consejo de Seguridad, S/RES/1540, Naciones Unidas, Nueva York, 2004.

NSE1. INTERFACES ENTRE LA SEGURIDAD FÍSICA NUCLEAR Y LA SEGURIDAD TECNOLÓGICA Y LAS SALVAGUARDIAS

A. Breve descripción

En este módulo se exponen las esferas de interrelación entre la seguridad física nuclear y la seguridad tecnológica y las salvaguardias, para lo cual se describen los conceptos, objetivos y principios de los tres ámbitos y se ponen de manifiesto los desafíos y oportunidades que presentan para el uso seguro y pacífico de la energía nuclear.

B. Objetivos del aprendizaje

Al término de este módulo, el alumno podrá:

a) determinar y describir los conceptos, objetivos y principios de la seguridad física nuclear en su interacción con la seguridad tecnológica nuclear y las salvaguardias, y
b) describir las interrelaciones entre la seguridad física nuclear y la seguridad tecnológica nuclear y las salvaguardias y los desafíos y oportunidades que presentan.

C. Esquema del módulo

1. Objetivos, fundamentos y conceptos de la seguridad tecnológica, la seguridad física y las salvaguardias
   - 1.1. Objetivos de la seguridad tecnológica, la seguridad física y las salvaguardias
   - 1.2. Fundamentos de la seguridad tecnológica, la seguridad física y las salvaguardias.
   - 1.3. Prevención de sucesos relacionados con la seguridad tecnológica o la seguridad física (defensa en profundidad)
   - 1.4. Enfoque graduado
   - 1.5. Análisis de la seguridad
   - 1.6. Evaluación de la amenaza y plan de seguridad física
   - 1.7. Medidas de seguridad tecnológica y seguridad física

2. Problemas y desafíos en la interfaz entre la seguridad tecnológica y la seguridad física
   2.1. Esferas de interfaz entre la seguridad tecnológica y la seguridad física
   2.2. Necesidad de coordinación
   2.3. Desafíos de la interfaz entre la seguridad tecnológica y la seguridad física
3. Responsabilidades en materia de seguridad tecnológica y seguridad física
   3.1. Función del Estado
   3.2. Función del órgano regulador
   3.3. Función de la entidad explotadora
4. Liderazgo y gestión de la seguridad tecnológica y la seguridad física
   4.1. Sistema de gestión integrada
   4.2. Cultura de la seguridad tecnológica y cultura de la seguridad física
   4.3. Optimización de la protección
   4.4. Procedimientos operacionales
   4.5. Preparación y respuesta para casos de emergencia
   4.6. Capacitación del personal
5. Evaluación de la interfaz entre la seguridad tecnológica y la seguridad física
   5.1. Exámenes periódicos de la seguridad tecnológica y la seguridad física
   5.2. Autoevaluación, mejora constante y retroinformación de la experiencia operacional
6. Conceptos y objetivos de la seguridad física y las salvaguardias
   6.1. Verificación de las responsabilidades del Estado en virtud del Tratado sobre la No-Proliferación de las Armas Nucleares
   6.2. Prevención, detección y respuesta en caso de actos dolosos relacionados con materiales nucleares y otros materiales radiactivos cometidos por actores no estatales
7. Interfaz entre la seguridad física y las salvaguardias
   7.1. Tecnologías
   7.2. Información
   7.3. Procedimientos

D. Ejercicios

i) Juego de simulación: Coordinar la respuesta en materia de seguridad tecnológica y seguridad física en un suceso de sabotaje de una instalación nuclear que comporta emisión de radiación.

E. Trabajo de laboratorio

Para este módulo no se proponen trabajos de laboratorio.

F. Lecturas recomendadas

COMUNIDAD EUROPEA DE LA ENERGÍA ATÓMICA, ORGANIZACIÓN DE LAS NACIONES UNIDAS PARA LA ALIMENTACIÓN Y LA AGRICULTURA, ORGANISMO INTERNACIONAL DE ENERGÍA ATÓMICA, ORGANIZACIÓN INTERNACIONAL DEL TRABAJO, ORGANIZACIÓN MARÍTIMA INTERNACIONAL, AGENCIA PARA LA ENERGÍA NUCLEAR DE LA OCDE, ORGANIZACIÓN PANAMERICANA DE LA SALUD, PROGRAMA DE LAS NACIONES UNIDAS PARA EL MEDIO AMBIENTE, ORGANIZACIÓN MUNDIAL DE LA SALUD, *Principios fundamentales de seguridad*, *Colección de Normas de Seguridad del OIEA* Nº SF-1, OIEA, Viena, 2007.

AGENCIA PARA LA ENERGÍA NUCLEAR DE LA OCDE, COMISIÓN PREPARATORIA DE LA ORGANIZACIÓN DEL TRATADO DE PROHIBICIÓN COMPLETA DE LOS ENSAYOS NUCLEARES, OFICINA DE COORDINACIÓN DE ASUNTOS HUMANITARIOS DE LAS NACIONES UNIDAS, ORGANISMO INTERNACIONAL DE ENERGÍA ATÓMICA, ORGANIZACIÓN DE AVIACIÓN CIVIL INTERNACIONAL, ORGANIZACIÓN DE LAS NACIONES UNIDAS PARA LA ALIMENTACIÓN Y LA AGRICULTURA, ORGANIZACIÓN INTERNACIONAL DEL TRABAJO, ORGANIZACIÓN INTERNACIONAL DE POLICÍA CRIMINAL (INTERPOL), ORGANIZACIÓN MARÍTIMA INTERNACIONAL, ORGANIZACIÓN METEOROLÓGICA MUNDIAL, ORGANIZACIÓN MUNDIAL DE LA SALUD, ORGANIZACIÓN PANAMERICANA DE LA SALUD, PROGRAMA DE LAS NACIONES UNIDAS PARA EL MEDIO AMBIENTE, *Preparación y respuesta para casos de emergencia nuclear o radiológica*, *Colección de Normas de Seguridad del OIEA* Nº GSR Part 7, OIEA, Viena, 2018.

OFICINA DE COORDINACIÓN DE ASUNTOS HUMANITARIOS DE LAS NACIONES UNIDAS, OFICINA INTERNACIONAL DEL TRABAJO, ORGANISMO INTERNACIONAL DE ENERGÍA ATÓMICA, ORGANIZACIÓN DE LAS NACIONES UNIDAS PARA LA AGRICULTURA Y LA ALIMENTACIÓN, ORGANIZACIÓN MUNDIAL DE LA SALUD, ORGANIZACIÓN PANAMERICANA DE LA SALUD, *Disposiciones de preparación para emergencias nucleares o radiológicas*, *Colección de Normas de Seguridad del OIEA* Nº GS-G-2.1, OIEA, Viena, 2010.

ORGANISMO INTERNACIONAL DE ENERGÍA ATÓMICA, *Método para elaborar disposiciones de respuesta a emergencias nucleares o radiológicas*, EPR-METHOD 2003, OIEA, Viena, 2009.

— *Código de Conducta sobre la Seguridad Tecnológica y Física de las Fuentes Radiactivas*, OIEA, Viena, 2004.

INTERNATIONAL NUCLEAR SAFETY GROUP, The Interface Between Safety and Security at Nuclear Power Plants, INSAG-24, IAEA, Vienna (2010).

STOIBER, C., BAER, A., PELZER, N., TONHAUSER, W., *Manual de derecho nuclear*, OIEA, Viena, 2006.

Tratado sobre la No Proliferación de las Armas Nucleares, Naciones Unidas, Nueva York, 1968.

Estructura y Contenido de los Acuerdos entre los Estados y el Organismo Requeridos en relación con el Tratado sobre la No Proliferación de las Armas Nucleares, INFCIRC/153, OIEA, Viena, 1972.

Communications Received from Members Regarding the Export of Nuclear Material and of Certain Categories of Equipment and Other Material, INFCIRC/209/Rev. 1, IAEA, Vienna (1990).

Modelo de Protocolo Adicional al (a los) Acuerdo(s) entre el (los) Estado(s) y el Organismo Internacional de Energía Atómica para la Aplicación de Salvaguardias, INFCIRC/540/Corr.1, OIEA, Viena, 1998.

Nuclear Verification and Security of Material: Physical Protection Objectives and Fundamental Principles, GOV/2001/41, IAEA, Vienna (2001).

Resolución 1373 del Consejo de Seguridad de las Naciones Unidas, S/RES/1373, Naciones Unidas, Nueva York, 2001.

Resolución 1540 del Consejo de Seguridad, S/RES/1540, Naciones Unidas, Nueva York, 2004.

Comunicaciones recibidas de diversos Estados Miembros relativas a las directrices para las transferencias de equipos, materiales y programas informáticos (software) de doble uso del ámbito nuclear y tecnología relacionada, INFCIRC/254/Rev. 6/Part 2, OIEA, Viena, 2005.

Comunicaciones recibidas de ciertos Estados Miembros relativas a las directrices para la exportación de materiales, equipos y tecnología nucleares, INFCIRC/254/Rev.7/Part 1, Viena, 2005.

NSE2. REDACCIÓN JURÍDICA EN MATERIA DE SEGURIDAD FÍSICA NUCLEAR

A. Breve descripción

En este módulo se presenta un panorama general de los componentes básicos y los elementos sustantivos de una legislación nuclear nacional integral y se hace hincapié en la seguridad física nuclear. En él se imparte a los alumnos provistos de un bagaje general en materia jurídica o normativa los conocimientos necesarios para:

a) poder elaborar y redactar instrumentos jurídicos y otra documentación relacionada con la seguridad física nuclear;
b) integrarlos en la estructura y los procesos jurídicos nacionales existentes, y
c) garantizar que reflejan las obligaciones del Estado en virtud de los instrumentos jurídicos internacionales existentes en materia de seguridad física nuclear.

B. Objetivos del aprendizaje

Al término de este módulo, el alumno podrá:

a) determinar los conceptos básicos y los elementos sustantivos de la legislación nuclear integral de un Estado, en particular sus componentes relacionados con la seguridad física nuclear, y
b) redactar leyes y reglamentos que encajen en la estructura y el proceso jurídicos nacionales globales e integrar las obligaciones del Estado en el marco de los instrumentos jurídicos internacionales pertinentes.

C. Esquema del módulo

1. Definición, alcance y aplicación de la legislación nuclear
2. Panorama general de los principales instrumentos jurídicos internacionales en materia de seguridad física nuclear
   2.1. Convención sobre la Protección Física de los Materiales Nucleares
   2.2. Enmienda de 2005 de la Convención sobre la Protección Física de los Materiales Nucleares
   2.3. Convenciones de las Naciones Unidas
   2.4. Resoluciones del Consejo de Seguridad de las Naciones Unidas
   2.5. Códigos de conducta y otros instrumentos no vinculantes
   2.6. Vinculación de los instrumentos jurídicos internacionales con las obligaciones nacionales

3. Legislación nacional
    3.1. Esferas de cobertura
        3.1.1. Seguridad tecnológica nuclear
        3.1.2. Seguridad física nuclear
        3.1.3. Salvaguardias
        3.1.4. Responsabilidad
    3.2. Integral frente a aparte
4. Elementos de una legislación nuclear nacional integral
    4.1. Disposiciones generales
        4.1.1. Objetivo
        4.1.2. Ámbito de aplicación
        4.1.3. Prohibiciones
        4.1.4. Definiciones
    4.2. Disposiciones específicas
        4.2.1. El órgano regulador y sus funciones
        4.2.2. Actividades de reglamentación
            4.2.2.1. Notificación
            4.2.2.2. Autorización
            4.2.2.3. Inspección
            4.2.2.4. Acción coercitiva
            4.2.2.5. Sanciones
        4.2.3. Protección radiológica
        4.2.4. Fuentes radiactivas
        4.2.5. Seguridad tecnológica de las instalaciones nucleares
        4.2.6. Preparación y respuesta para casos de emergencia
        4.2.7. Extracción y procesamiento
        4.2.8. Transporte
        4.2.9. Desechos radiactivos y combustible gastado
        4.2.10. Responsabilidad por daños nucleares y cobertura
        4.2.11. Salvaguardias
        4.2.12. Control de las importaciones y exportaciones
5. Disposiciones sobre seguridad física nuclear
    5.1. Categorización de los materiales nucleares y otros materiales radiactivos con fines de seguridad física nuclear
    5.2. Medidas de protección física
    5.3. Medidas de contabilidad y control
    5.4. Requisitos en materia de autorización/concesión de licencias
    5.5. Inspecciones y seguimiento del cumplimiento de los requisitos de protección física
    5.6. Acción coercitiva

5.7. Materiales nucleares u otros materiales radiactivos no sometidos a control reglamentario
   5.7.1. Detección
   5.7.2. Respuesta
5.8. Seguridad informática y de la información
5.9. Infracciones penales
5.10. Jurisdicción y extradición
5.11. Cooperación internacional

D. Ejercicios

i) Formulación de disposiciones modelo para una legislación nuclear nacional que tipifiquen las infracciones en la esfera de la seguridad física nuclear.

E. Trabajo de laboratorio

Para este módulo no se proponen trabajos de laboratorio.

F. Lecturas recomendadas

Además del material de referencia que se propone para el módulo NSC1, el que se señala a continuación también resulta útil:

AGENCIA PARA LA ENERGÍA NUCLEAR DE LA OCDE, COMISIÓN PREPARATORIA DE LA ORGANIZACIÓN DEL TRATADO DE PROHIBICIÓN COMPLETA DE LOS ENSAYOS NUCLEARES, OFICINA DE COORDINACIÓN DE ASUNTOS HUMANITARIOS DE LAS NACIONES UNIDAS, ORGANISMO INTERNACIONAL DE ENERGÍA ATÓMICA, ORGANIZACIÓN DE AVIACIÓN CIVIL INTERNACIONAL, ORGANIZACIÓN DE LAS NACIONES UNIDAS PARA LA ALIMENTACIÓN Y LA AGRICULTURA, ORGANIZACIÓN INTERNACIONAL DEL TRABAJO, ORGANIZACIÓN INTERNACIONAL DE POLICÍA CRIMINAL (INTERPOL), ORGANIZACIÓN MARÍTIMA INTERNACIONAL, ORGANIZACIÓN METEOROLÓGICA MUNDIAL, ORGANIZACIÓN MUNDIAL DE LA SALUD, ORGANIZACIÓN PANAMERICANA DE LA SALUD, PROGRAMA DE LAS NACIONES UNIDAS PARA EL MEDIO AMBIENTE, *Preparación y respuesta para casos de emergencia nuclear o radiológica, Colección de Normas de Seguridad del OIEA* Nº GSR Part 7, OIEA, Viena, 2018.

ORGANISMO INTERNACIONAL DE ENERGÍA ATÓMICA, *Convención sobre la Pronta Notificación de Accidentes Nucleares y Convención sobre Asistencia en caso de Accidente Nuclear o Emergencia Radiológica* Nº 14, OIEA, Viena, 1989.

STOIBER, C., BAER, A., PELZER, N., TONHAUSER, W., *Manual de derecho nuclear*, OIEA, Viena, 2006.

STOIBER, C., CHERF, A., TONHAUSER, W., VEZ CARMONA, M. L., *Manual de derecho nuclear: Legislación de aplicación,* OIEA, Viena, 2012.

NSE3. COOPERACIÓN INTERNACIONAL EN SEGURIDAD FÍSICA NUCLEAR

A. Breve descripción

En este módulo se indican labores de cooperación internacional anteriores y actuales y los principales agentes en materia de seguridad física nuclear, incluso a nivel internacional, multilateral y regional. También se describen los principales objetivos, metas, actividades, desafíos y logros de estas organizaciones e iniciativas.

B. Objetivos del aprendizaje

Al término de este módulo, el alumno podrá:

a) demostrar conocimiento de las principales partes interesadas que intervienen en la cooperación internacional en materia de seguridad física nuclear, y
b) describir sus metas, objetivos, desafíos y logros.

C. Esquema del módulo

1. Necesidad de cooperación internacional en la esfera de la seguridad física nuclear
   1.1. La seguridad física nuclear como prerrogativa y responsabilidad del Estado
   1.2. La seguridad física nuclear como cuestión de ámbito mundial
   1.3. Necesidad de un enfoque cooperativo para abordar la seguridad física nuclear

2. Principales partes interesadas internacionales y multilaterales en el ámbito de la seguridad física nuclear
   - 2.1. OIEA
     - 2.1.1. Misión, metas y objetivos de las actividades del OIEA en materia de seguridad física nuclear
     - 2.1.2. Evolución de las actividades en materia de seguridad física nuclear desde 2002
     - 2.1.3. Entendimiento e interpretación del mandato del OIEA en materia de seguridad física nuclear
     - 2.1.4. Desafíos
   - 2.2. Otras organizaciones pertinentes de las Naciones Unidas y su participación en la seguridad física nuclear
     - 2.2.1. Consejo de Seguridad de las Naciones Unidas
     - 2.2.2. Comité del Consejo de Seguridad establecido en virtud de la resolución 1540 (2004) (Comité 1540)
     - 2.2.3. Oficina de las Naciones Unidas contra la Droga y el Delito (UNODC)
     - 2.2.4. Oficina de Asuntos de Desarme de las Naciones Unidas (UNODA)
     - 2.2.5. Oficina de las Naciones Unidas de Lucha contra el Terrorismo (OLCT)
   - 2.3. Otras organizaciones internacionales y multilaterales
     - 2.3.1. Organización para la Seguridad y la Cooperación en Europa (OSCE)
     - 2.3.2. Organización Internacional de Policía Criminal-INTERPOL y organizaciones de policía regionales
     - 2.3.3. Organización Mundial de Aduanas (OMA)
     - 2.3.4. Organización Mundial de la Salud (OMS)
     - 2.3.5. Organización Marítima Internacional (OMI)
     - 2.3.6. Organización de Aviación Civil Internacional (OACI)
     - 2.3.7. Instituto Interregional de las Naciones Unidas para Investigaciones sobre la Delincuencia y la Justicia (UNICRI)
     - 2.3.8. Centro Común de Investigación (CCI)
   - 2.4. Iniciativas internacionales y multilaterales
     - 2.4.1. Proceso de la Cumbre de Seguridad Nuclear 2010–2016
     - 2.4.2. Iniciativa Mundial de Lucha contra el Terrorismo Nuclear (IMLTN)
     - 2.4.3. Alianza Mundial contra la Propagación de Armas y Materiales de Destrucción en Masa (Alianza Mundial)
     - 2.4.4. Grupo de Trabajo sobre Vigilancia en las Fronteras (BMWG)
     - 2.4.5. Otras iniciativas

2.5. Organizaciones no gubernamentales
    2.5.1. Instituto Mundial de Seguridad Física Nuclear (WINS)
    2.5.2. Instituto Mundial de Transporte Nuclear (WNTI)
    2.5.3. Nuclear Threat Initiative (NTI)
    2.5.4. Otras organizaciones
    2.5.5. Participación de la industria

3. Desafíos en la cooperación internacional en la esfera de la seguridad física nuclear
    3.1. Mandatos
    3.2. Prioridades y compromisos
    3.3. Coordinación de esfuerzos
4. El camino a seguir

D. Ejercicios

i) Juego de simulación: determinar un conjunto de objetivos y prioridades para elaborar un plan de seguridad física nuclear del OIEA para un período de cuatro años.
ii) Juego de simulación: celebrar una reunión hipotética entre varios organismos internacionales en la que intercambien información sobre sus actividades relacionadas con la seguridad física nuclear y se dediquen a coordinarlas a fin de optimizar recursos y evitar duplicaciones de esfuerzos.
iii) Juego de simulación: realizar una simulación de cumbre de seguridad física nuclear en la que se analicen amenazas y las prioridades para abordarlas en el contexto de las actividades de seguridad física nuclear de países individuales.

E. Trabajo de laboratorio

Para este módulo no se proponen trabajos de laboratorio.

F. Lecturas recomendadas

INSTITUTO INTERREGIONAL DE LAS NACIONES UNIDAS PARA INVESTIGACIONES SOBRE LA DELINCUENCIA Y LA JUSTICIA, OFICINA DE LAS NACIONES UNIDAS CONTRA LA DROGA Y EL DELITO, OFICINA EUROPEA DE POLICÍA, ORGANISMO INTERNACIONAL DE ENERGÍA ATÓMICA, ORGANIZACIÓN DE AVIACIÓN CIVIL INTERNACIONAL, ORGANIZACIÓN INTERNACIONAL DE POLICÍA CRIMINAL–INTERPOL, ORGANIZACIÓN MUNDIAL DE ADUANAS, *Recomendaciones de Seguridad Física Nuclear sobre Materiales Nucleares y otros Materiales Radiactivos no Sometidos a Control Reglamentario, Colección de Seguridad Física Nuclear del OIEA* Nº 15, OIEA, Viena, 2012.

EUROPEAN POLICE OFFICE, INTERNATIONAL ATOMIC ENERGY AGENCY, INTERNATIONAL POLICE ORGANIZATION, WORLD CUSTOMS ORGANIZATION, Combating Illicit Trafficking in Nuclear and Other Radioactive Material, IAEA Nuclear Security Series No. 6, IAEA, Vienna (2007).

ORGANISMO INTERNACIONAL DE ENERGÍA ATÓMICA (Viena).

Código de Conducta sobre la Seguridad Tecnológica y Física de las Fuentes Radiactivas, 2004.

Amendment to the Convention on the Physical Protection of Nuclear Material, IAEA International Law Series No. 2 (2006).

Recomendaciones de Seguridad Física Nuclear sobre la Protección Física de los Materiales y las Instalaciones Nucleares (INFCIRC/225/Rev.5), Colección de Seguridad Física Nuclear del OIEA Nº 13, 2012.

Recomendaciones de Seguridad Física Nuclear sobre Materiales Radiactivos e Instalaciones Conexas, Colección de Seguridad Física Nuclear del OIEA Nº 14, 2012.

Objetivo y elementos esenciales del régimen de seguridad física nuclear de un Estado, Colección de Seguridad Física Nuclear del OIEA, Nº 20, 2014.

Sistemas y medidas de seguridad física nuclear para la detección de material nuclear y otro material radiactivo no sometido a control reglamentario, Colección de Seguridad Física Nuclear del OIEA Nº 21, 2020.

Seguridad física de los materiales nucleares durante el transporte, Colección de Seguridad Física Nuclear del OIEA Nº 26-G, 2021.

La seguridad física de los materiales radiactivos durante su transporte, Colección de Seguridad Física Nuclear del OIEA Nº 9-G (Rev. 1), 2022.

ORGANISMO INTERNACIONAL DE ENERGÍA ATÓMICA, ORGANIZACIÓN INTERNACIONAL DE POLICÍA CRIMINAL-INTERPOL, *Enfoque basado en el conocimiento de los riesgos en materia de medidas de seguridad física nuclear para los materiales nucleares y otros materiales radiactivos no sometidos a control reglamentario*, *Colección de Seguridad Física Nuclear del OIEA* Nº 24-G, OIEA, Viena, 2022.

Convención sobre la Protección Física de los Materiales Nucleares, INFCIRC/274/Rev. 1, OIEA, Viena, 1980.

Nuclear Verification and Security of Material: Physical Protection Objectives and Fundamental Principles, GOV/2001/41, IAEA, Vienna (2001).

Resolución 1373 del Consejo de Seguridad de las Naciones Unidas, S/RES/1373, Naciones Unidas, Nueva York, 2001.

Resolución 1540 del Consejo de Seguridad, S/RES/1540, Naciones Unidas, Nueva York, 2004.

Seguridad física nuclear – Medidas de protección contra el terrorismo nuclear: Enmienda de la Convención sobre la Protección Física de los Materiales Nucleares, GOV/INF/2005/10-GC(49)/INF/6, OIEA, Viena, 2005.

Convenio Internacional para la Represión de los Actos de Terrorismo Nuclear, A/RES/59/290, Naciones Unidas, Nueva York, 2005.

NSE4. ELABORACIÓN Y EJECUCIÓN DE UNA AMENAZA BASE DE DISEÑO (ABD)

A. Breve descripción

En este módulo figura un estudio en profundidad de las metas, los objetivos y los principales elementos de una amenaza base de diseño (ABD), como las principales partes interesadas, el procedimiento para realizar una evaluación de la amenaza, las funciones y responsabilidades de las principales partes interesadas y las principales aportaciones y productos del proceso de la ABD.

B. Objetivos del aprendizaje

Al término de este módulo, el alumno podrá:

a) determinar las metas, objetivos y principales elementos de la ABD, y
b) elaborar la ABD utilizando la información necesaria.

C. Esquema del módulo

1. Descripción de una ABD
    1.1. Definición
    1.2. Temas principales
        1.2.1. Adversarios internos/externos
        1.2.2. Relación entre actos dolosos y consecuencias inaceptables
        1.2.3. Atributos y características
        1.2.4. Diseño y evaluación
2. Finalidad de una ABD
    2.1. Necesidad de una ABD
    2.2. Valor de una ABD
3. Funciones y responsabilidades
    3.1. Estado
    3.2. Autoridad(es) competente(s) para la elaboración, el uso y el mantenimiento de una ABD
    3.3. Organizaciones de inteligencia
    3.4. Explotadores
    3.5. Otras organizaciones
4. Realización de una evaluación de la amenaza
    4.1. Ejecución de una evaluación de la amenaza
        4.1.1. Aportaciones
        4.1.2. Proceso de análisis
        4.1.3. Producto
    4.2. Decisión de utilizar una ABD u otro enfoque basado en la amenaza
5. Elaboración de una ABD
    5.1. Aportación a la ABD
    5.2. Proceso
        5.2.1. Fase 1: detección de la evaluación de la amenaza
        5.2.2. Fase 2: conversión de datos sobre amenazas específicas en atributos y características representativos de adversarios
        5.2.3. Fase 3: modificación de atributos y características representativos de adversarios a partir de factores de políticas
    5.3. Producto
    5.4. Elaboración de una exposición alternativa de la amenaza
6. Uso de la ABD
7. Mantenimiento de la ABD

D. Ejercicios

i) Elaborar una ABD para una instalación hipotética a partir de un conjunto de aportaciones determinadas de antemano, como el tipo de instalación y los materiales que se manejan en ella, el lugar, la descripción de posibles amenazas de dentro y de fuera del país y otros factores.

E. Trabajo de laboratorio

Para este módulo no se proponen trabajos de laboratorio.

F. Lecturas recomendadas

GARCIA, M.L., Vulnerability Assessment of Physical Protection Systems, Butterworth-Heinemann, Oxford (2006).

— The Design and Evaluation of Physical Protection Systems, 2nd edn, Butterworth-Heinemann, Oxford (2008).

ORGANISMO INTERNACIONAL DE ENERGÍA ATÓMICA (Viena).

Amendment to the Convention on the Physical Protection of Nuclear Material, IAEA International Law Series No. 2 (2006).

Cultura de la seguridad física nuclear, *Colección de Seguridad Física Nuclear del OIEA* Nº 7, 2017.

Recomendaciones de Seguridad Física Nuclear sobre la Protección Física de los Materiales y las Instalaciones Nucleares (INFCIRC/225/Rev.5), *Colección de Seguridad Física Nuclear del OIEA* Nº 13, 2012.

Identification of Vital Areas at Nuclear Facilities, IAEA Nuclear Security Series No. 16, 2012.

Establecimiento de la infraestructura de seguridad física nuclear para un programa nucleoeléctrico, *Colección de Seguridad Física Nuclear del OIEA* Nº 19, 2018.

Objetivo y elementos esenciales del régimen de seguridad física nuclear de un Estado, *Colección de Seguridad Física Nuclear del OIEA*, Nº 20, 2014.

Seguridad física de los materiales nucleares durante el transporte, *Colección de Seguridad Física Nuclear del OIEA* Nº 26-G, 2021.

Seguridad física de los materiales radiactivos durante su uso y almacenamiento y de las instalaciones conexas, *Colección de Seguridad Física Nuclear del OIEA* Nº 11-G (Rev. 1), 2022.

La seguridad física de los materiales radiactivos durante su transporte, *Colección de Seguridad Física Nuclear del OIEA* Nº 9-G (Rev. 1), 2022.

Evaluación nacional de amenazas para la seguridad física nuclear, amenazas base de diseño y declaraciones de amenazas representativas, *Colección de Seguridad Física Nuclear del OIEA* Nº 10-G (Rev. 1), 2022.

Computer Security Techniques for Nuclear Facilities, IAEA Nuclear Security Series No. 17-T (Rev. 1) (en preparación).

ORGANISMO INTERNACIONAL DE ENERGÍA ATÓMICA, ORGANIZACIÓN INTERNACIONAL DE POLICÍA CRIMINAL-INTERPOL, *Enfoque basado en el conocimiento de los riesgos en materia de medidas de seguridad física nuclear para los materiales nucleares y otros materiales radiactivos no sometidos a control reglamentario*, *Colección de Seguridad Física Nuclear del OIEA* Nº 24-G, OIEA, Viena, 2022.

ROPER, C., FISCHER, L., GRAU, J.A., Security Education, Awareness and Training: From Theory to Practice, Elsevier, Oxford (2006).

TALBOT, J., JAKEMAN, M., Security Risk Management: Body of Knowledge, John Wiley and Sons, Hoboken, NJ (2009).

Convención sobre la Protección Física de los Materiales Nucleares, INFCIRC/274/Rev. 1, OIEA, Viena (1980).

NSE5. EVALUACIÓN DE LA VULNERABILIDAD DE LOS SISTEMAS DE PROTECCIÓN FÍSICA

A. Breve descripción

Con este módulo se pretende impartir al alumnado conocimientos sobre análisis de sistemas, gestión del riesgo, métodos de evaluación y optimización y su aplicación para la evaluación de sistemas de protección física.

B. Objetivos del aprendizaje

Al término de este módulo, el alumno podrá:

a) realizar una evaluación exhaustiva y proponer una optimización de distintos sistemas de protección física, y
b) realizar una evaluación de los riesgos cualitativa y cuantitativa.

C. Esquema del módulo

1. Análisis de sistemas
    1.1. Árboles de fallos y de sucesos
    1.2. Construcción y análisis de los árboles de fallos
    1.3. Fiabilidad de los datos
    1.4. Opinión de expertos
2. Gestión del riesgo
    2.1. Definiciones de riesgos, riesgo aceptable
    2.2. Métodos de evaluación cuantitativa de los riesgos
    2.3. Elementos de la gestión del riesgo
    2.4. Teoría sobre decisiones, árbol de decisiones
    2.5. Incertidumbres
    2.6. Método del camino crítico
    2.7. Evaluación de incertidumbres por expertos
3. Gestión del riesgo en la protección física
    3.1. Estimación del riesgo para la seguridad física
    3.2. Estrategias de reducción de los riesgos
    3.3. Relación costo-eficacia y riesgo aceptable
    3.4. Impacto de las decisiones sobre gestión del riesgo
4. Evaluación y optimización de los sistemas de protección física
    4.1. Ruta del adversario: análisis de escenarios y de rutas
    4.2. Métodos analíticos probabilísticos y gráficos en la evaluación de sistemas de protección física
    4.3. Análisis de agentes internos
    4.4. Análisis de fiabilidad
    4.5. Evaluación de la eficacia de los sistemas
    4.6. Métodos de optimización en la evaluación de la eficacia de los sistemas
    4.7. Incertidumbres en las evaluaciones
    4.8. Toma de decisiones en situaciones de riesgo e incertidumbres: gestión del riesgo de la seguridad física

D. Ejercicios

i) Estudio de caso: evaluación del riesgo, evaluación de la eficacia y optimización del sistema de protección física de un reactor nuclear grande.
ii) Estudio de caso: evaluación del sistema de protección física de una instalación nuclear o radiológica

E. Trabajo de laboratorio

Para este módulo no se proponen trabajos de laboratorio.

F. Lecturas recomendadas

ORGANISMO INTERNACIONAL DE ENERGÍA ATÓMICA (Viena).

Código de Conducta sobre la Seguridad Tecnológica y Física de las Fuentes Radiactivas, 2004.

Recomendaciones de Seguridad Física Nuclear sobre la Protección Física de los Materiales y las Instalaciones Nucleares (INFCIRC/225/Rev.5), Colección de Seguridad Física Nuclear del OIEA Nº 13, 2012.

Objetivo y elementos esenciales del régimen de seguridad física nuclear de un Estado, Colección de Seguridad Física Nuclear del OIEA, Nº 20, 2014.

GARCIA, M.L., Vulnerability Assessment of Physical Protection Systems, Butterworth-Heinemann, Oxford (2006).

— The Design and Evaluation of Physical Protection Systems, 2nd edn, Butterworth-Heinemann, Oxford (2008).

NSE6. AUTOEVALUACIÓN Y MEJORA EN MATERIA DE CULTURA DE LA SEGURIDAD FÍSICA NUCLEAR

A. Breve descripción

Sobre la base de las orientaciones y buenas prácticas internacionales existentes, este módulo sirve para que el alumno se familiarice con las metodologías recomendadas de autoevaluación de la cultura de la seguridad física nuclear en las instalaciones nucleares.

B. Objetivos del aprendizaje

Tras finalizar este módulo con éxito, el alumno estará familiarizado con distintos métodos de autoevaluación de la cultura de la seguridad física nuclear en una instalación nuclear y podrá ponerlos en práctica; asimismo, podrá formular y ejecutar, sobre la base de los resultados de la autoevaluación, un programa de mejora de la cultura de la seguridad física nuclear.

C. Esquema del módulo

1. Dimensiones de la cultura de la seguridad física nuclear
    1.1. Modelo del OIEA de cultura de la seguridad física nuclear
    1.2. Instrumentos jurídicos internacionales
2. Autoevaluación: concepto y práctica
    2.1. Finalidad y beneficios de la autoevaluación de la cultura de la seguridad física
    2.2. Consideraciones especiales con respecto a la autoevaluación de la cultura de la seguridad física
    2.3. Indicadores de la cultura de la seguridad física
3. Proceso de autoevaluación de la cultura de la seguridad física
4. Métodos de autoevaluación
    4.1. Encuestas
    4.2. Entrevistas
    4.3. Examen de la documentación
    4.4. Observaciones
5. Realización del análisis
6. Comunicación de las conclusiones y paso a la acción
7. Estructura del programa de mejora de la cultura de la seguridad física nuclear
    7.1. Funciones y responsabilidades del programa de mejora de la cultura de la seguridad física nuclear
8. Elementos clave de un programa sistemático de mejora de la cultura de la seguridad física nuclear
    8.1. Base reguladora
    8.2. Autoevaluación
    8.3. Plan de acción
    8.4. Enseñanza y capacitación en seguridad física nuclear
    8.5. Productos promocionales y ayudas a la capacitación
    8.6. Elementos de recursos humanos
    8.7. Código de conducta
    8.8. Programa de enseñanzas extraídas

8.9. Perfeccionamiento constante de la seguridad física nuclear
8.10. Mejora de la cultura de la seguridad física nuclear

D. Ejercicios

i) Elaboración de un modelo de encuesta de evaluación de la cultura de la seguridad física a partir de un conjunto de indicadores propuestos;

ii) realización de una simulación de entrevista de evaluación con el gestor de una instalación o un miembro de su personal, y

iii) elaboración de un plan de acción para la mejora de la cultura de la seguridad física a partir de los resultados de la autoevaluación.

E. Trabajo de laboratorio

Para este módulo no se proponen trabajos de laboratorio.

F. Lecturas recomendadas

BUNN, M., SAGAN, S.D., A Worst Practices Guide to Insider Threats: Lessons from Past Mistakes, American Academy of Arts and Sciences, Cambridge, MA (2014).

CAMERON, K., QUINN, R.E., Diagnosing and Changing Organizational Culture, 3rd edn, Jossey-Bass, San Francisco, CA (2011).

HOFSTEDE, G., HOFSTEDE, G.J., MINKOV, M., Cultures and Organizations: Software of the Mind, 3rd edn, McGraw-Hill, New York (2010).

ORGANISMO INTERNACIONAL DE ENERGÍA ATÓMICA (Viena).

Developing Safety Culture in Nuclear Activities: Practical Suggestions to Assist Progress, Safety Report Series No. 11 (1998).

Safety Culture in Nuclear Installations: Guidance for Use in the Enhancement of Safety Culture, IAEA-TECDOC-1329 (2002).

Código de Conducta sobre la Seguridad Tecnológica y Física de las Fuentes Radiactivas, 2004.

Clasificación de las fuentes radiactivas, Colección de Normas de Seguridad del OIEA Nº RS-G-1.9, 2009.

Amendment to the Convention on the Physical Protection of Nuclear Material, IAEA International Law Series No. 2 (2006).

Cultura de la seguridad física nuclear, Colección de Seguridad Física Nuclear del OIEA Nº 7, 2017.

Recomendaciones de Seguridad Física Nuclear sobre la Protección Física de los Materiales y las Instalaciones Nucleares (INFCIRC/225/Rev.5), Colección de Seguridad Física Nuclear del OIEA Nº 13, 2012.

Recomendaciones de Seguridad Física Nuclear sobre Materiales Radiactivos e Instalaciones Conexas, Colección de Seguridad Física Nuclear del OIEA Nº 14, 2012.

Establecimiento de la infraestructura de seguridad física nuclear para un programa nucleoeléctrico, Colección de Seguridad Física Nuclear del OIEA Nº 19, 2018.

Objetivo y elementos esenciales del régimen de seguridad física nuclear de un Estado, Colección de Seguridad Física Nuclear del OIEA, Nº 20, 2014.

Seguridad física de la información nuclear, Colección de Seguridad Física Nuclear del OIEA Nº 23-G, 2018.

Marco gubernamental, jurídico y regulador para la seguridad, Colección de Normas de Seguridad del OIEA Nº GSR Part 1 (Rev.1), 2017

Autoevaluación de la cultura de la seguridad física nuclear en instalaciones y actividades, Colección de Seguridad Física Nuclear del OIEA Nº 28-T , 2019.

Seguridad física de los materiales radiactivos durante su uso y almacenamiento y de las instalaciones conexas, Colección de Seguridad Física Nuclear del OIEA Nº 11-G (Rev. 1), 2022.

IAEA Incident and Trafficking Database (ITDB): 2020 Fact Sheet (2020), www.iaea.org/sites/default/files/20/02/itdb-factsheet-2020.pdf

Medidas de prevención y de protección contra las amenazas de agentes internos, Colección de Seguridad Física Nuclear del OIEA Nº 8-G (Rev. 1), 2022.

Enhancing Nuclear Security Culture in Organizations Associated with Nuclear and Other Radioactive Material, IAEA Nuclear Security Series No. 38-T (2021).

Computer Security Techniques for Nuclear Facilities, IAEA Nuclear Security Series No. 17-T (Rev. 1) (en preparación).

INTERNATIONAL NUCLEAR SAFETY GROUP, The Interface Between Safety and Security at Nuclear Power Plants, INSAG-24, IAEA, Vienna (2010).

KARTCHNER, K.M., "Strategic culture and WMD decision making", in Strategic Culture and Weapons of Mass Destruction: Culturally Based Insights into Comparative National Security Policymaking (JOHNSON, J.L., KARTCHNER, K.M., LARSEN, J.A., Eds), Palgrave Macmillan, New York (2009) 55–68.

KOTTER, J.P., Leading Change, Harvard Business School Press, Boston, MA (1996).

ROPER, C., FISCHER, L., GRAU, J.A., Security Education, Awareness, and Training: From Theory to Practice, Elsevier, Oxford (2006).

SCHEIN, E.H., The Corporate Culture Survival Guide, Jossey-Bass, San Francisco, CA (2009).

— Organizational Culture and Leadership, 5th edn, Jossey-Bass, San Francisco, CA (2017).

UNITED STATES DEPARTMENT OF ENERGY, Inquiry into the Security Breach at the National Security Administration's Y-12 National Security Complex, DOE/IG-0868, USDOE, Washington, DC (2012).

VICENTE, K., The Human Factor, Routledge, New York (2006).

WEICK, K.E., SUTCLIFFE, K.M., Managing the Unexpected: Resilient Performance in an Age of Uncertainty, 2nd edn, Jossey-Bass, San Francisco, CA (2007).

Convención sobre la Protección Física de los Materiales Nucleares, INFCIRC/274/Rev. 1, OIEA, Viena, 1980.

Nuclear Verification and Security of Material: Physical Protection Objectives and Fundamental Principles, GOV/2001/41, IAEA, Vienna (2001).

Convenio Internacional para la Represión de los Actos de Terrorismo Nuclear, A/RES/59/290, Naciones Unidas, Nueva York, 2005.

NSE7. DISEÑO DE SISTEMAS DE PROTECCIÓN FÍSICA PARA INSTALACIONES NUCLEARES Y RADIOLÓGICAS

A. Breve descripción

En este módulo se describen los componentes esenciales del proceso de diseño de sistemas de protección física específicos para materiales, fuentes e instalaciones nucleares y radiactivos. Una parte considerable del módulo (hasta el 50 % del tiempo correspondiente) se centra en un proyecto amplio.

B. Objetivos del aprendizaje

Tras finalizar este módulo con éxito, el alumno podrá:

a) aplicar aspectos específicos de medidas de protección física y reglamentos nacionales para la seguridad física de los materiales nucleares y otros materiales radiactivos y las instalaciones conexas, y
b) diseñar y evaluar un sistema de protección física para esas instalaciones.

C. Esquema del módulo

1. Introducción a la protección física de materiales nucleares y otros materiales radiactivos y las instalaciones conexas
   1.1. Convención sobre la Protección Física de los Materiales Nucleares
   1.2. Enmienda de 2005 de la Convención sobre la Protección Física de los Materiales Nucleares
   1.3. Código de Conducta sobre Seguridad Tecnológica y Física de las Fuentes Radiactivas
   1.4. Categorización de materiales nucleares y fuentes radiactivas
   1.5. Consecuencias del robo o el sabotaje en relación con materiales nucleares y fuentes nucleares y las instalaciones conexas
   1.6. Uso indebido de instalaciones o equipo nucleares
   1.7. Certificación de las fuentes
   1.8. Catálogo del OIEA de fuentes selladas

2. Aplicación de principios fundamentales de la protección física a materiales nucleares y otros materiales radiactivos y a las instalaciones conexas
    2.1. Funciones y responsabilidades de las autoridades y los operadores internacionales, nacionales y locales
    2.2. Marco legislativo y reglamentario por el que se rige la protección física
    2.3. Autoridades competentes
    2.4. Evaluación de la amenaza a nivel estatal
    2.5. Requisitos en materia de protección física
    2.6. Enfoque graduado
    2.7. Análisis de consecuencias
    2.8. Garantía de la calidad
    2.9. Plan de contingencia
3. Características de las instalaciones nucleares
    3.1. Diseño de instalaciones nucleares típicas
    3.2. Zonas vitales
        3.2.1. Instalaciones del ciclo del combustible (producción de uranio, enriquecimiento, fabricación de combustible, reactores, reprocesamiento, almacenamiento de combustible gastado y desechos)
        3.2.2. Instalaciones de reactores de investigación
        3.2.3. Otras instalaciones
4. Uso y almacenamiento de materiales y fuentes radiactivos
    4.1. Contenedores de materiales y fuentes radiactivos
    4.2. Construcción de almacenes típicos de materiales y fuentes radiactivos
    4.3. Construcción de instalaciones radiológicas típicas (médicas, industriales, agrícolas)
5. Aplicación de enfoques y métodos de protección física a los materiales nucleares y otros materiales radiactivos y las instalaciones conexas
    5.1. Aspectos específicos de los sistemas de protección física de las instalaciones nucleares y las instalaciones con materiales radiactivos
    5.2. Determinación de blancos
    5.3. Amenazas y evaluación de la vulnerabilidad en relación con los materiales nucleares y otros materiales radiactivos y las instalaciones conexas
    5.4. Aplicación de medidas de seguridad física
        5.4.1. Agrupamiento de la seguridad física
        5.4.2. Objetivos y medidas de seguridad física
        5.4.3. Medidas administrativas
            5.4.3.1. Contabilidad y realización del inventario periódicas
            5.4.3.2. Control del acceso

5.4.3.3. Plan de respuesta a emergencias
5.4.3.4. Plan de seguridad física
5.4.3.5. Seguridad física de la información
5.4.3.6. Respuesta oportuna
5.4.3.7. Medidas técnicas específicas
5.4.3.8. Aplicación práctica de medidas de seguridad física a los materiales nucleares y otros materiales radiactivos y las instalaciones conexas

6. Establecimiento de una infraestructura nacional de seguridad física de los materiales nucleares y otros materiales radiactivos y las instalaciones conexas
   6.1. Creación de conciencia sobre la seguridad física
   6.2. Examen de las autoridades legislativas
   6.3. Creación de capacidad en materia de reglamentación
   6.4. Elaboración del marco regulador
   6.5. Establecimiento de niveles de seguridad física graduados
   6.6. Especificación de la aplicación de niveles de seguridad física a los materiales nucleares y las instalaciones nucleares
   6.7. Selección del enfoque reglamentario

D. Ejercicios

i) Proyecto amplio: diseñar y evaluar un sistema de protección física de una instalación nuclear o radiológica.

E. Trabajo de laboratorio

Para este módulo no se proponen trabajos de laboratorio.

F. Lecturas recomendadas

ORGANISMO INTERNACIONAL DE ENERGÍA ATÓMICA (Viena).

Código de Conducta sobre la Seguridad Tecnológica y Física de las Fuentes Radiactivas, 2004.

Cantidades peligrosas de materiales radiactivos (valores D), EPR-D-VALUES 2006, 2010.

Engineering Safety Aspects of the Protection of Nuclear Power Plants against Sabotage, IAEA Nuclear Security Series No. 4 (2007).

Cultura de la seguridad física nuclear, Colección de Seguridad Física Nuclear del OIEA Nº 7, 2017.

Recomendaciones de Seguridad Física Nuclear sobre la Protección Física de los Materiales y las Instalaciones Nucleares (INFCIRC/225/Rev.5), Colección de Seguridad Física Nuclear del OIEA Nº 13, 2012.

Recomendaciones de Seguridad Física Nuclear sobre Materiales Radiactivos e Instalaciones Conexas, Colección de Seguridad Física Nuclear del OIEA Nº 14, 2012.

Directrices sobre la Importación y Exportación de Fuentes Radiactivas, 2012.

Identification of Vital Areas at Nuclear Facilities, IAEA Nuclear Security Series No. 16, 2012.

Establecimiento de la infraestructura de seguridad física nuclear para un programa nucleoeléctrico, Colección de Seguridad Física Nuclear del OIEA Nº 19, 2018.

Objetivo y elementos esenciales del régimen de seguridad física nuclear de un Estado, Colección de Seguridad Física Nuclear del OIEA, Nº 20, 2014.

Seguridad física de la información nuclear, Colección de Seguridad Física Nuclear del OIEA Nº 23-G, 2018.

Seguridad física de los materiales nucleares durante el transporte, Colección de Seguridad Física Nuclear del OIEA Nº 26-G, 2021.

Seguridad física de los materiales radiactivos durante su uso y almacenamiento y de las instalaciones conexas, Colección de Seguridad Física Nuclear del OIEA Nº 11-G (Rev. 1), 2022.

Medidas de prevención y de protección contra las amenazas de agentes internos, Colección de Seguridad Física Nuclear del OIEA Nº 8-G (Rev. 1), 2022.

La seguridad física de los materiales radiactivos durante su transporte, Colección de Seguridad Física Nuclear del OIEA Nº 9-G (Rev. 1), 2022.

Storage of Spent Nuclear Fuel, IAEA Safety Standards Series No. SSG-15 (Rev. 1) (2020).

Handbook on the Design of Physical Protection Systems for Nuclear Material and Nuclear Facilities, IAEA Nuclear Security Series No. 40-T (2021).

Evaluación nacional de amenazas para la seguridad física nuclear, amenazas base de diseño y declaraciones de amenazas representativas, *Colección de Seguridad Física Nuclear del OIEA* Nº 10-G (Rev. 1), 2022.

Computer Security Techniques for Nuclear Facilities, IAEA Nuclear Security Series No. 17-T (Rev. 1) (en preparación).

Seguridad física nuclear – Medidas de protección contra el terrorismo nuclear: Enmienda de la Convención sobre la Protección Física de los Materiales Nucleares, GOV/INF/2005/10-GC(49)/INF/6, OIEA, Viena, 2005.

NSE8. CONTABILIDAD Y CONTROL DE MATERIALES NUCLEARES PARA CENTRALES NUCLEARES Y REACTORES DE INVESTIGACIÓN

A. Breve descripción

En este módulo figura una visión panorámica de las medidas de contabilidad y control de materiales nucleares (NMAC) para centrales nucleares y reactores de investigación.

B. Objetivos del aprendizaje

Tras finalizar este módulo con éxito, el alumno podrá determinar, diseñar, elaborar y aplicar medidas técnicas y administrativas de NMAC con fines de seguridad física nuclear en centrales nucleares y reactores de investigación.

C. Esquema del módulo

1. Introducción a la publicación Nº 25-G de la *Colección de Seguridad Física Nuclear del OIEA, Empleo de la contabilidad y el control de materiales nucleares con fines de seguridad física nuclear en las instalaciones*
2. Uso de la NMAC en aras de la seguridad física nuclear
   - 2.1. Diferencias en la NMAC con fines de seguridad física nuclear frente a las salvaguardias
   - 2.2. Objetivos de seguridad física nuclear de un sistema de NMAC

2.3. Amenazas de seguridad física nuclear para materiales nucleares sujetos a NMAC

3. Función de la autoridad estatal competente en el uso de la NMAC en aras de la seguridad física nuclear

   3.1. Elaboración de reglamentos exhaustivos para los sistemas de NMAC de las instalaciones

   3.2. Examen de programas de NMAC en las instalaciones antes de conceder una licencia para la posesión de materiales nucleares

   3.3. Inspección de la ejecución de los programas de NMAC en las instalaciones

   3.4. Cumplimiento de los reglamentos

4. Gestión del sistema de NMAC

   4.1. Asignación a una persona de la responsabilidad general respecto de los materiales nucleares de la instalación

   4.2. Importancia de la capacitación y la sensibilización sobre la NMAC para el personal de la instalación de todos los niveles

   4.3. Usos de “subzonas de balance de materiales” para mejorar el control de los materiales nucleares (por ejemplo, zona de almacenamiento de combustible no irradiado, piscina de combustible gastado, reactor, almacenamiento de combustible gastado seco)

   4.4. Importancia de mantener los conocimientos actuales de la ubicación de todas las partidas de materiales nucleares

5. Registros e informes de NMAC

   5.1. Mantenimiento de registros de todas las actividades y partidas

   5.2. Preparación de un formulario de historial de partidas que comience con la recepción de cada partida en la instalación y prosiga con su historial individual durante toda su existencia en la instalación

   5.3. Registros de traslados de conjuntos de la zona de almacenamiento de combustible no irradiado a la piscina de combustible gastado primero y después al reactor y su retirada del reactor

   5.4. Documentación sobre el daño sufrido por conjuntos o barras que puede dar lugar a la separación de los materiales nucleares de su partida original

   5.5. Preparación y mantenimiento de registros de reconstitución de los conjuntos, si se produce

   5.6. Mantenimiento de una lista actualizada de inventario que incluya números de identificación y ubicaciones

6. Inventario físico de materiales nucleares

7. Control de materiales nucleares

   7.1. Centrales nucleares

7.1.1. Medidas de control (cerraduras y llaves, listas de personal autorizado, mantenimiento del control de las llaves de acceso a equipo esencial, es decir, el puente de la piscina de combustible gastado y la zona donde se almacena combustible no irradiado) empleadas para disuadir y detectar el acceso de personal de la instalación no autorizado a los materiales nucleares y las zonas de la instalación en las que se utilizan o almacenan materiales nucleares

7.2. Reactores de investigación

7.2.1. Medidas de control (cerraduras y llaves, listas de personal autorizado, mantenimiento del control de las llaves de accesorios a equipo esencial, es decir, el puente de la piscina de combustible gastado y la zona donde se almacena combustible no irradiado) empleadas para disuadir y detectar el acceso de personal de la instalación no autorizado a los materiales nucleares y las zonas de la instalación en las que se utilizan o almacenan materiales nucleares

7.2.2. Actividades utilizadas para disuadir y detectar el uso indebido del reactor o de otro equipo asociado con materiales nucleares, como actividades de investigación no autorizadas (es decir, el uso de instrumentación y de equipo de alta precisión) o la producción y/o modificación no autorizadas de materiales nucleares u otros materiales radiactivos

8. Dispositivos de indicación de manipulación ilícita

8.1. Utilizados para enviar material nuclear desde la instalación donde se fabrica el combustible

8.2. Garantía de la integridad de los contenedores de pequeñas unidades de materiales nucleares (por ejemplo, agujas y piezas de agujas separadas de sus conjuntos)

9. Seguimiento del material nuclear entre la realización de inventarios físicos (seguimiento de partidas)

9.1. Mayores garantías de almacenamiento de las partidas de materiales nucleares en sus lugares asignados y registrados

9.2. Garantías de que no se ha robado ni utilizado indebidamente material a granel

9.3. Aplicabilidad a las centrales nucleares y los reactores de investigación

10. Mediciones y control de las mediciones

10.1. Importancia de las mediciones de los materiales descartados y las corrientes de desechos en el emplazamiento de un reactor para garantizar que no se han robado ni usado indebidamente materiales nucleares

10.2. Cálculos de producción nuclear (ganancia) y pérdida para garantizar que puede detectarse el robo de materiales nucleares si se produce

11. Coordinación de la NMAC, la protección física y otras funciones de la instalación
    11.1. Comunicación y coordinación entre las organizaciones responsables de los materiales nucleares de la instalación
12. Traslados de materiales nucleares
    12.1. Control de los traslados de materiales nucleares
    12.2. Mantenimiento de registros completos de los traslados
13. Detección, investigación y resolución de irregularidades
    13.1. Detección de irregularidades relacionadas con materiales nucleares
    13.2. Investigación de una irregularidad y detección de la causa básica
    13.3. Importancia de las irregularidades como posible indicio de una tentativa de robo o uso indebido de materiales nucleares
14. Evaluación y análisis del rendimiento del sistema de NMAC
    14.1. Importancia de las evaluaciones y las pruebas de desempeño
    14.2. Realización de las evaluaciones y las pruebas de desempeño

D. Ejercicios

i) Selección de dispositivos de indicación de manipulación ilícita:
   — muestra de diversos tipos de dispositivos de indicación de manipulación ilícita, y
   — demostración del uso de dispositivos de indicación de manipulación ilícita.

ii) Recepción de materiales nucleares (como conjuntos combustibles o barras) del fabricante de combustible:
   — demostración de que se mantienen registros en relación con la recepción de combustible no irradiado, y
   — examen de las actividades de verificación de las recepciones.

iii) Prueba de seguimiento de las partidas y comprobación administrativa periódicas:
   — demostración de la selección de una muestra de partidas a partir de una lista del inventario, y
   — examen de las características que han de observarse (por ejemplo, número de identificación, ubicación).

iv) Investigación y notificación de irregularidades:
   — examen de las medidas que han de adoptarse al investigar una irregularidad.

E. Trabajo de laboratorio

Para este módulo no se proponen trabajos de laboratorio.

F. Lecturas recomendadas

ORGANISMO INTERNACIONAL DE ENERGÍA ATÓMICA (Viena).

Amendment to the Convention on the Physical Protection of Nuclear Material, IAEA International Law Series No. 2 (2006).

Cultura de la seguridad física nuclear, Colección de Seguridad Física Nuclear del OIEA N° 7, 2017.

Nuclear Material Accounting Handbook, IAEA Services Series No. 15 (2008).

International Target Values 2010 for Measurement Uncertainties in Safeguarding Nuclear Materials, Safeguards Technical Report No. 368 (2010).

Recomendaciones de Seguridad Física Nuclear sobre la Protección Física de los Materiales y las Instalaciones Nucleares (INFCIRC/225/Rev.5), Colección de Seguridad Física Nuclear del OIEA N° 13, 2012.

Empleo de la contabilidad y el control de materiales nucleares con fines de seguridad física nuclear en las instalaciones, Colección de Seguridad Física Nuclear del OIEA N° 25-G, 2019.

Medidas de prevención y de protección contra las amenazas de agentes internos, Colección de Seguridad Física Nuclear del OIEA N° 8-G (Rev. 1), 2022.

SIEGEL, J., STEINBRUNER, J., GALLAGHER, N., Comprehensive Nuclear Material Accounting: A Proposal to Reduce Global Nuclear Risk, Center for International and Security Studies at Maryland, College Park, MD (2014).

STOIBER, C., BAER, A., PELZER, N., TONHAUSER, W., *Manual de derecho nuclear*, OIEA, Viena, 2006.

STOIBER, C., CHERF, A., TONHAUSER, W., VEZ CARMONA, M. L., *Manual de derecho nuclear: Legislación de aplicación,* OIEA, Viena, 2012.

WILLIAMS, M., On the Importance of MC&A to Nuclear Security, CISSM Working Paper, Center for International and Security Studies at Maryland, College Park, MD (2014).

Convención sobre la Protección Física de los Materiales Nucleares, INFCIRC/274/Rev. 1, OIEA, Viena (1980).

Resolución 1540 del Consejo de Seguridad, S/RES/1540, Naciones Unidas, Nueva York, 2004.

Seguridad física nuclear – Medidas de protección contra el terrorismo nuclear: Enmienda de la Convención sobre la Protección Física de los Materiales Nucleares, GOV/INF/2005/10-GC(49)INF/6, OIEA, Viena, 2005.

NSE9. CONTABILIDAD Y CONTROL DE MATERIALES NUCLEARES PARA LAS INSTALACIONES QUE PROCESAN MATERIAL NUCLEAR

A. Breve descripción

En este módulo se presenta un panorama general de las medidas de contabilidad y control de materiales nucleares (NMAC) relativas a las instalaciones en las que se procesan materiales nucleares a granel.

B. Objetivos del aprendizaje

Tras finalizar este módulo con éxito, el alumno podrá determinar, diseñar, elaborar y ejecutar medidas para contabilizar y controlar el material nuclear en una instalación en la que se procesan materiales nucleares a granel.

C. Esquema del módulo

1. Introducción a la publicación Nº 25-G de la *Colección de Seguridad Física Nuclear del OIEA*, *Empleo de la contabilidad y el control de materiales nucleares con fines de seguridad física nuclear en las instalaciones*
2. Uso de la NMAC en aras de la seguridad física nuclear
    - 2.1. Diferencias en la NMAC con fines de seguridad física nuclear frente a las salvaguardias
    - 2.2. Objetivos de seguridad física nuclear de un sistema de NMAC
    - 2.3. Amenazas de seguridad física nuclear para materiales nucleares sujetos a NMAC

3. Función de la autoridad estatal competente en el uso de la NMAC en aras de la seguridad física nuclear
   3.1. Elaboración de reglamentos exhaustivos para los sistemas de NMAC de las instalaciones
   3.2. Examen de programas de NMAC en las instalaciones antes de conceder una licencia para la posesión de materiales nucleares
   3.3. Inspección de la ejecución de programas de NMAC de instalaciones
   3.4. Cumplimiento de los reglamentos
4. Gestión del sistema de NMAC
   4.1. Asignación a una persona de la responsabilidad general respecto de los materiales nucleares de la instalación
   4.2. Importancia de la capacitación y la sensibilización sobre la NMAC para el personal de la instalación de todos los niveles
   4.3. Usos de "subzonas de balance de materiales" para mejorar el control de los materiales nucleares (por ejemplo, zona de almacenamiento de combustible no irradiado, piscina de combustible gastado, reactor, almacenamiento de combustible gastado seco)
   4.4. Importancia de mantener los conocimientos actuales de la ubicación de todas las partidas de materiales nucleares
5. Registros e informes de NMAC
   5.1. Mantenimiento de registros de todas las actividades y partidas
   5.2. Preparación de un formulario de historial de partidas que comience con la recepción de cada partida en la instalación y prosiga con su historial individual durante toda su existencia en la instalación
   5.3. Registros de traslados de conjuntos de la zona de almacenamiento de combustible no irradiado a la piscina de combustible gastado primero y después al reactor y su retirada del reactor
   5.4. Documentación sobre el daño sufrido por conjuntos o barras que puede dar lugar a la separación de los materiales nucleares de su partida original
   5.5. Preparación y mantenimiento de registros de reconstitución de los conjuntos, si se produce
   5.6. Mantenimiento de una lista de inventario actualizada que incluya números de identificación y ubicaciones
6. Inventario físico de materiales nucleares
7. Control de materiales nucleares
   7.1. Control del acceso
      7.1.1. Control de cerraduras y llaves para acceder a equipo esencial como los accesorios sujetadores, cajas de guantes o armarios de almacenamiento

7.1.2. Listas de personal autorizado coordinadas con las operaciones y la protección física
7.2. Autorización de actividades de detección y disuasión
7.2.1. Retirada no autorizada (abrupta o prolongada)
7.2.2. Producción o modificación no autorizadas de materiales nucleares u otros materiales radiactivos
8. Dispositivos de indicación de manipulación ilícita
8.1. Usados en la contención, como zonas de almacenamiento o contenedores de materiales nucleares para mantener la continuidad de los conocimientos a fin de reducir el tiempo necesario para realizar inventarios físicos (programados o no programados)
9. Seguimiento del material nuclear entre realizaciones de inventarios físicos
9.1. Seguimiento de partidas
9.2. Seguimiento de procesos
10. Mediciones y control de las mediciones
10.1. Asignación de valores de elementos e isotópicos a todo el material nuclear
10.2. Mediciones de los materiales nucleares durante su procesamiento
10.3. Mediciones de los materiales nucleares durante su expedición, recepción y transferencia
11. Coordinación de la NMAC, la protección física y otras funciones de la instalación
11.1. Comunicación y coordinación entre las organizaciones responsables de los materiales nucleares de la instalación
12. Traslado de materiales nucleares
12.1. Control de los traslados de materiales nucleares
12.2. Mantenimiento de registros completos de los traslados
13. Detección, investigación y resolución de irregularidades
13.1. Uso de la NMAC con fines de detección de irregularidades relacionadas con materiales nucleares
13.2. Investigación de una irregularidad y detección de la causa básica
14. Evaluación y análisis del rendimiento del sistema de NMAC
14.1. Importancia de las evaluaciones y las pruebas de desempeño
14.2. Realización de las evaluaciones y las pruebas de desempeño

D. Ejercicios

i) Selección de dispositivos de indicación de manipulación ilícita:
- muestra de diversos tipos de dispositivos de indicación de manipulación ilícita, y
- demostración del uso de dispositivos de indicación de manipulación ilícita.

ii) Recepción de materiales nucleares procedentes de una instalación externa:
   — demostración de que se mantienen registros en relación con la recepción de materiales nucleares, y
   — examen de actividades, como mediciones para verificar las recepciones.
iii) Prueba de seguimiento de las partidas y comprobación administrativa periódicas:
   — demostración de la selección de una muestra de partidas de una lista del inventario, y
   — examen de las características que han de observarse (por ejemplo, número de identificación, ubicación).
iv) Traslado de materiales nucleares de una zona de balance de materiales a otra dentro de una instalación:
   — examen de actividades, como registros y las mediciones para transferencias.
v) Ejercicio de división y degradación:
   — examen de actividades como mediciones para la división y degradación.
vi) Investigación y notificación de irregularidades:
   — examen de las medidas que han de adoptarse al investigar una irregularidad.

E. Trabajo de laboratorio

Para este módulo no se proponen trabajos de laboratorio.

F. Lecturas recomendadas

ORGANISMO INTERNACIONAL DE ENERGÍA ATÓMICA (Viena).

Amendment to the Convention on the Physical Protection of Nuclear Material, IAEA International Law Series No. 2 (2006).

Cultura de la seguridad física nuclear, Colección de Seguridad Física Nuclear del OIEA Nº 7, 2017.

Nuclear Material Accounting Handbook, IAEA Services Series No. 15 (2008).

International Target Values 2010 for Measurement Uncertainties in Safeguarding Nuclear Materials, Safeguards Technical Report No. 368 (2010).

Recomendaciones de Seguridad Física Nuclear sobre la Protección Física de los Materiales y las Instalaciones Nucleares (INFCIRC/225/Rev.5), Colección de Seguridad Física Nuclear del OIEA Nº 13, 2012.

Empleo de la contabilidad y el control de materiales nucleares con fines de seguridad física nuclear en las instalaciones, Colección de Seguridad Física Nuclear del OIEA Nº 25-G, 2019.

Medidas de prevención y de protección contra las amenazas de agentes internos, Colección de Seguridad Física Nuclear del OIEA Nº 8-G (Rev. 1), 2022.

SIEGEL, J., STEINBRUNER, J., GALLAGHER, N., Comprehensive Nuclear Material Accounting: A Proposal to Reduce Global Nuclear Risk, Center for International and Security Studies at Maryland, College Park, MD (2014).

STOIBER, C., BAER, A., PELZER, N., TONHAUSER, W., *Manual de derecho nuclear*, OIEA, Viena, 2006.

STOIBER, C., CHERF, A., TONHAUSER, W., VEZ CARMONA, M., *Manual de derecho nuclear: Legislación de aplicación,* OIEA, Viena, 2012.

WILLIAMS, M., On the Importance of MC&A to Nuclear Security, CISSM Working Paper, Center for International and Security Studies at Maryland, College Park, MD (2014).

Convención sobre la Protección Física de los Materiales Nucleares, INFCIRC/274/Rev. 1, OIEA, Viena (1980).

Resolución 1540 del Consejo de Seguridad, S/RES/1540, Naciones Unidas, Nueva York, 2004.

Seguridad física nuclear – Medidas de protección contra el terrorismo nuclear: Enmienda de la Convención sobre la Protección Física de los Materiales Nucleares, GOV/INF/2005/10-GC(49)/INF/6, OIEA, Viena, 2005.

NSE10. ESTABLECIMIENTO Y EJECUCIÓN DE UN PLAN DE SEGURIDAD FÍSICA DEL TRANSPORTE

A. Breve descripción

En este módulo se presenta a los alumnos el concepto de plan de seguridad física del transporte de materiales nucleares y otros materiales radiactivos.

B. Objetivos del aprendizaje

Al término de este módulo, el alumno podrá:

a) entender la finalidad de un plan de seguridad física del transporte;
b) describir los elementos de un plan de seguridad física del transporte, y
c) elaborar un plan eficaz de seguridad física del transporte.

C. Esquema del módulo

1. Metas y objetivos de un plan de seguridad física del transporte
    - 1.1. Protección del personal, el equipo, los materiales y el medio ambiente
    - 1.2. Determinación de las responsabilidades para todos los aspectos de la protección de los materiales
        - 1.2.1. Control y contabilidad de los materiales
        - 1.2.2. Protección de los materiales
        - 1.2.3. Control de la información
        - 1.2.4. Respuesta a emergencias y contingencias
2. Elementos de un plan de seguridad física del transporte
    - 2.1. Ámbito de aplicación
    - 2.2. Objetivos
    - 2.3. Aplicabilidad
        - 2.3.1. Descripción de los materiales que se han de transportar
    - 2.4. Requisitos administrativos
        - 2.4.1. Políticas, procedimientos y operaciones
            - 2.4.1.1. Ensayo y evaluación del plan de seguridad física
            - 2.4.1.2. Examen y actualización del plan de seguridad física
            - 2.4.1.3. Examen del grado de preparación y evaluación de la vulnerabilidad
            - 2.4.1.4. Evaluación de la amenaza
            - 2.4.1.5. Notificación de amenazas e incidentes
    - 2.5. Responsabilidades
        - 2.5.1. Asignación de responsabilidades
        - 2.5.2. Estructura organizativa
        - 2.5.3. Probidad
        - 2.5.4. Capacitación
    - 2.6. Gestión de la información
        - 2.6.1. Seguridad física de la información
        - 2.6.2. Gestión de registros
        - 2.6.3. Confidencialidad y protección de la información

2.7. Medidas de seguridad física del transporte
2.7.1. Rutas principales y alternativas
2.7.2. Descripción del sistema de seguridad física
2.7.2.1. Equipo y modalidades de transporte
2.7.2.2. Mando y control de las operaciones
2.7.2.3. Medidas de seguridad física adicionales
2.7.2.4. Mantenimiento y pruebas de los sistemas y equipos de seguridad física
2.8. Respuesta a emergencias
2.8.1. Respuesta a emergencias no táctica y táctica
2.8.2. Comunicación de incidentes
2.8.3. Notificación de los organismos pertinentes
3. Elaboración de un plan de seguridad física del transporte
3.1. Entidad responsable
3.2. Calendario para la planificación
3.3. Participación de partes interesadas
3.4. Aprobaciones

D. Ejercicios

i) Simulación: elaborar un plan de seguridad física del transporte para un transporte hipotético de material nuclear de categoría I.

E. Trabajo de laboratorio

Para este módulo no se proponen trabajos de laboratorio.

F. Lecturas recomendadas

AGENCIA PARA LA ENERGÍA NUCLEAR DE LA OCDE, COMISIÓN PREPARATORIA DE LA ORGANIZACIÓN DEL TRATADO DE PROHIBICIÓN COMPLETA DE LOS ENSAYOS NUCLEARES, OFICINA DE COORDINACIÓN DE ASUNTOS HUMANITARIOS DE LAS NACIONES UNIDAS, ORGANISMO INTERNACIONAL DE ENERGÍA ATÓMICA, ORGANIZACIÓN DE AVIACIÓN CIVIL INTERNACIONAL, ORGANIZACIÓN DE LAS NACIONES UNIDAS PARA LA ALIMENTACIÓN Y LA AGRICULTURA, ORGANIZACIÓN INTERNACIONAL DEL TRABAJO, ORGANIZACIÓN INTERNACIONAL DE POLICÍA CRIMINAL (INTERPOL), ORGANIZACIÓN MARÍTIMA INTERNACIONAL,

ORGANIZACIÓN METEOROLÓGICA MUNDIAL, ORGANIZACIÓN MUNDIAL DE LA SALUD, ORGANIZACIÓN PANAMERICANA DE LA SALUD, PROGRAMA DE LAS NACIONES UNIDAS PARA EL MEDIO AMBIENTE, *Preparación y respuesta para casos de emergencia nuclear o radiológica, Colección de Normas de Seguridad del OIEA* Nº GSR Part 7, OIEA, Viena, 2018.

ORGANISMO INTERNACIONAL DE ENERGÍA ATÓMICA (Viena).

Planificación y preparación de medidas de respuesta a emergencias en los accidentes de transporte que afecten a materiales radiactivos, *Colección de Normas de Seguridad del OIEA* Nº TS-G-1.2 (ST-3), OIEA, Viena, 2009.

Método para elaborar disposiciones de respuesta a emergencias nucleares o radiológicas, EPR-METHOD 2003, 2009.

Recomendaciones de Seguridad Física Nuclear sobre la Protección Física de los Materiales y las Instalaciones Nucleares (INFCIRC/225/Rev.5), *Colección de Seguridad Física Nuclear del OIEA* Nº 13, 2012.

Objetivo y elementos esenciales del régimen de seguridad física nuclear de un Estado, *Colección de Seguridad Física Nuclear del OIEA*, Nº 20, 2014.

Seguridad física de los materiales nucleares durante el transporte, *Colección de Seguridad Física Nuclear del OIEA* Nº 26-G, 2021.

La seguridad física de los materiales radiactivos durante su transporte, *Colección de Seguridad Física Nuclear del OIEA* Nº 9-G (Rev. 1), 2022.

NSE11. DISEÑO E IMPLANTACIÓN DE UNA ARQUITECTURA NACIONAL DE DETECCIÓN

A. Breve descripción

En este módulo se presenta un panorama general de la arquitectura nacional de detección, sus atributos, sus elementos estructurales y organizativos y la función que desempeñan la información y factores humanos para su eficacia.

B. Objetivos del aprendizaje

Al término de este módulo, el alumno podrá:

a) determinar los atributos y componentes de una arquitectura nacional de detección en la esfera de la seguridad física nuclear, y
b) elaborar un plan de ese tipo a partir de diversas contribuciones.

C. Esquema del módulo

1. Atributos de una arquitectura nacional de detección eficaz en aras de la seguridad física nuclear
   1.1. Estrategia nacional
   1.2. Capacidades nacionales
   1.3. Evaluación y valoración de las necesidades
   1.4. Cooperación internacional y regional
2. Elementos estructurales y organizativos de una arquitectura nacional de detección
   2.1. Marco jurídico
   2.2. Autoridades competentes
   2.3. Órgano coordinador
3. Atributos del diseño de una arquitectura nacional de detección en aras de la seguridad física nuclear
   3.1. Enfoque basado en los riesgos
   3.2. Adaptabilidad a condiciones y circunstancias específicas
   3.3. Defensa en profundidad
   3.4. Graduada y equilibrada
   3.5. Capacidad de adaptación y evolución con el paso del tiempo
   3.6. Elemento de imprevisibilidad
   3.7. Flexibilidad operacional
   3.8. Recurso a diversas tecnologías de detección (no solo radiación)
   3.9. Integración de capacidades
   3.10. Proceso de diseño iterativo
4. Función de la información en una arquitectura nacional de detección eficaz en aras de la seguridad física nuclear
   4.1. Tipos de información
   4.2. Fuentes de información
   4.3. Manejo de la información
   4.4. Apoyo de expertos

5. Factor humano
   5.1. Probidad del personal
   5.2. Función de la cultura de la seguridad física nuclear

D. Ejercicios

i) Elaboración de una arquitectura nacional de detección teórica en aras de la seguridad física nuclear a partir de un escenario hipotético y con la participación de diversas partes interesadas.

E. Trabajo de laboratorio

Para este módulo no se proponen trabajos de laboratorio.

F. Lecturas recomendadas

INSTITUTO INTERREGIONAL DE LAS NACIONES UNIDAS PARA INVESTIGACIONES SOBRE LA DELINCUENCIA Y LA JUSTICIA, OFICINA DE LAS NACIONES UNIDAS CONTRA LA DROGA Y EL DELITO, OFICINA EUROPEA DE POLICÍA, ORGANISMO INTERNACIONAL DE ENERGÍA ATÓMICA, ORGANIZACIÓN DE AVIACIÓN CIVIL INTERNACIONAL, ORGANIZACIÓN INTERNACIONAL DE POLICÍA CRIMINAL–INTERPOL, ORGANIZACIÓN MUNDIAL DE ADUANAS, *Recomendaciones de Seguridad Física Nuclear sobre Materiales Nucleares y otros Materiales Radiactivos no Sometidos a Control Reglamentario*, *Colección de Seguridad Física Nuclear del OIEA* Nº 15, OIEA, Viena, 2012.

ORGANISMO INTERNACIONAL DE ENERGÍA ATÓMICA, *Sistemas y medidas de seguridad física nuclear para la detección de material nuclear y otro material radiactivo no sometido a control reglamentario*, *Colección de Seguridad Física Nuclear del OIEA* Nº 21, OIEA, Viena, 2020.

ORGANISMO INTERNACIONAL DE ENERGÍA ATÓMICA, ORGANIZACIÓN INTERNACIONAL DE POLICÍA CRIMINAL–INTERPOL, *Enfoque basado en el conocimiento de los riesgos en materia de medidas de seguridad física nuclear para los materiales nucleares y otros materiales radiactivos no sometidos a control reglamentario*, *Colección de Seguridad Física Nuclear del OIEA* Nº 24-G, OIEA, Viena, 2022.

NSE12. MECANISMO Y RÉGIMEN DE CONTROL DE LAS IMPORTACIONES/EXPORTACIONES Y DEL TRÁNSITO

A. Breve descripción

En este módulo figuran conocimientos exhaustivos sobre las medidas de control de las importaciones y las exportaciones, los aspectos jurídicos y la documentación para especialistas en seguridad física nuclear. Se presta especial atención a la importación y la exportación de materiales nucleares y otros materiales radiactivos y de equipo nuclear conexo. Pueden tenerse en cuenta ejemplos ajenos al ámbito de los materiales nucleares y radiactivos.

B. Objetivos del aprendizaje

Tras finalizar este módulo con éxito, el alumno podrá diferenciar y aplicar las medidas jurídicas, de procedimiento y administrativas que se utilizan para la ejecución práctica del control de las importaciones y las exportaciones.

C. Esquema del módulo

1. Proliferación de armas nucleares y controles de las exportaciones
   - 1.1. Indicios iniciales de actividades de proliferación
   - 1.2. Detección y dilación de la proliferación
   - 1.3. Actores dolosos no estatales y control de las exportaciones
2. Infraestructura reglamentaria y reglamentos nacionales en materia de importación y exportación
   - 2.1. Aplicación de la legislación y los reglamentos nacionales
   - 2.2. Protocolo adicional y requisitos nacionales para el control de las exportaciones
   - 2.3. Sistema de notificación
   - 2.4. Capacitación
3. Instrumentos jurídicos en materia de importación y exportación
   - 3.1. Tratado sobre la No Proliferación de las Armas Nucleares y control de las importaciones y exportaciones
   - 3.2. Comité Zangger
   - 3.3. Lista inicial
   - 3.4. Grupo de Suministradores Nucleares (GSN)
   - 3.5. Control multilateral de las exportaciones
   - 3.6. Requisitos para la presentación de informes en virtud del protocolo adicional
   - 3.7. Código de conducta

4. Metodología para la aplicación práctica
    4.1. Tecnologías, equipo y materiales importantes en materia de proliferación de armas nucleares
    4.2. Equipo de doble uso
    4.3. Proliferación nuclear y comercio ilícito de materiales nucleares
    4.4. Práctica de control de las importaciones y exportaciones
5. Comercio internacional de materiales nucleares y radiactivos
    5.1. Materiales nucleares y radiactivos como objetos de comercio internacional
    5.2. El transporte en el comercio internacional
    5.3. Embalaje y etiquetado de importaciones y exportaciones
    5.4. Códigos de clasificación de los aranceles de materiales nucleares y radiactivos
    5.5. Características de los materiales nucleares y radiactivos sujetos a verificación aduanera
6. Importación y exportación y tránsito de materiales nucleares y radiactivos: procedimientos y documentación
    6.1. Marco jurídico y reglamentos
    6.2. Restricciones no arancelarias y licencias
    6.3. Documentación de importaciones y exportaciones
    6.4. Documentación de tránsito
    6.5. Despacho aduanero e inspección aduanera
    6.6. Riesgos asociados con el tránsito y el transbordo
    6.7. Diferencias en los sistemas nacionales de control de las exportaciones
    6.8. Relación entre el sistema internacional y nacional de control de las exportaciones
    6.9. Deficiencias en la interfaz de los dos sistemas

D. Ejercicios

i) Estudio de caso: importación de equipo de doble uso con fines de enriquecimiento clandestino.
ii) Demostración de documentación habitual de las importaciones y exportaciones y el tránsito.
iii) Estudio de caso: comprobación de la exactitud de un conjunto de documentación y etiquetado para la importación de equipo relacionado con la energía nuclear.

E. Trabajo de laboratorio

Para este módulo no se proponen trabajos de laboratorio.

F. Lecturas recomendadas

EUROPEAN POLICE OFFICE, INTERNATIONAL ATOMIC ENERGY AGENCY, INTERNATIONAL POLICE ORGANIZATION, WORLD CUSTOMS ORGANIZATION, Combating Illicit Trafficking in Nuclear and Other Radioactive Material, IAEA Nuclear Security Series No. 6, IAEA, Vienna (2007).

ORGANISMO INTERNACIONAL DE ENERGÍA ATÓMICA (Viena).

Directrices sobre la Importación y Exportación de Fuentes Radiactivas, 2012.

Seguridad física de los materiales radiactivos durante su uso y almacenamiento y de las instalaciones conexas, Colección de Seguridad Física Nuclear del OIEA Nº 11-G (Rev. 1), 2022.

La seguridad física de los materiales radiactivos durante su transporte, Colección de Seguridad Física Nuclear del OIEA Nº 9-G (Rev. 1), 2022.

INTERNATIONAL ATOMIC ENERGY AGENCY, UNIVERSAL POSTAL UNION, WORLD CUSTOMS ORGANIZATION, Monitoring for Radioactive Material in International Mail Transported by Public Postal Operators, IAEA Nuclear Security Series No. 3, IAEA, Vienna (2006).

Convenio Aduanero sobre Contenedores, Naciones Unidas/OMI, Ginebra, 1972.

Convenio Internacional para la Simplificación y Armonización de los Regímenes Aduaneros (enmendado) (*Convenio de Kyoto*), OMA, Bruselas, 1973, enmendado en 1993.

Communications Received from Members Regarding the Export of Nuclear Material and of Certain Categories of Equipment and Other Material, INFCIRC/209/Rev. 1, IAEA, Vienna (1990).

Convenio internacional de asistencia administrativa mutua en cuestiones aduaneras (*Convenio de Johannesburgo*), OMA, Bruselas, 2003.

Comunicaciones recibidas de diversos Estados Miembros relativas a las directrices para las transferencias de equipos, materiales y programas informáticos (software) de doble uso del ámbito nuclear y tecnología relacionada, INFCIRC/254/Rev. 6/Part 2, OIEA, Viena, 2005.

Comunicaciones recibidas de ciertos Estados Miembros relativas a las directrices para la exportación de materiales, equipos y tecnología nucleares, INFCIRC/254/Rev. 7/Part 1, Viena, 2005.

NSE13. MARCO DE SEGURIDAD FÍSICA NUCLEAR PARA GRANDES EVENTOS PÚBLICOS

A. Breve descripción

Este módulo pone de manifiesto los aspectos prácticos de un sistema exhaustivo de seguridad física nuclear en grandes eventos públicos, como el análisis de la amenaza, las actividades de prevención, detección y respuesta y los principios generales para la elaboración y ejecución de un plan de acción.

B. Objetivos del aprendizaje

Tras finalizar este módulo con éxito, el alumno podrá diseñar y poner en práctica un sistema exhaustivo de seguridad física nuclear para grandes eventos públicos.

C. Esquema del módulo

1. Metas y objetivos de un sistema exhaustivo de seguridad física nuclear para grandes eventos públicos
2. Diseño de un sistema exhaustivo de seguridad física nuclear para grandes eventos públicos
   - 2.1. Análisis de la amenaza
   - 2.2. Actividades de prevención
   - 2.3. Actividades de detección
   - 2.4. Actividades de respuesta
   - 2.5. Principios generales para la elaboración de un plan de acción
   - 2.6. Gestión de recursos y seguridad física de la información
3. Análisis de la amenaza
   - 3.1. Evaluación de la amenaza
   - 3.2. Evaluación de la vulnerabilidad
   - 3.3. Medidas de seguridad física con respecto a las fuentes radiactivas
   - 3.4. Base de Datos del OIEA sobre Incidentes y Tráfico Ilícito
4. Medidas preventivas
   - 4.1. Protección física de las fuentes de radiación

4.2. Función del Estado en la creación de un sistema eficaz de protección física
4.3. Vigilancia de las fronteras
4.4. Preparación de la seguridad física nuclear para un Estado que acoge un gran evento público
4.5. Sensibilización y capacitación
5. Medidas de detección
5.1. Selección de recintos y otros lugares estratégicos para los sistemas de detección
5.2. Enfoque de detección y estrategias de despliegue del equipo
5.3. Instrumentos de detección
5.3.1. Tipos de instrumentos de detección
5.3.2. Instrumentos de detección en los lugares estratégicos
5.3.3. Reconocimientos radiológicos y cartografía de fondo antes del evento
5.3.4. Sistema de detección temprana fuera de los lugares estratégicos
5.4. Pruebas de aceptación
5.5. Calibración y mantenimiento del equipo
5.6. Capacitación
6. Medidas de respuesta
6.1. Elementos de la respuesta
6.2. Estructura organizativa de la respuesta
6.2.1. Función de la organización de la respuesta
6.2.2. Infraestructura necesaria para la organización de la respuesta
6.3. Respuesta a una alarma
6.3.1. Procedimientos de respuesta a una alarma en lugares estratégicos y otros puntos importantes
6.3.2. Procedimientos de búsqueda
6.3.3. Grupo itinerante de apoyo especializado y apoyo a los expertos
6.4. Preparación y respuesta para casos de emergencia
6.4.1. Sistema nacional de gestión de emergencias
6.4.2. Disposiciones específicas aplicables a un gran evento público en virtud del plan de respuesta a emergencias
6.4.3. Preparación y respuesta para casos de emergencia médica
6.4.4. Protección de los trabajadores de emergencias
6.4.5. Comunicación con el público
6.5. Gestión de las consecuencias en materia de seguridad física nuclear
6.5.1. Evaluación, rescate, recuperación y restauración
6.5.2. Recuperación y devolución de materiales nucleares y otros materiales radiactivos sometidos a control reglamentario

6.6. Recogida y conservación de pruebas y enjuiciamiento
6.7. Capacitación y sensibilización

D. Ejercicios

i) Estudio de caso: ejemplo de estructura de mando y control para un gran evento deportivo.
ii) Plan de acción: estudio de un ejemplo.
iii) Estudio de caso: amenaza base de diseño para un gran evento deportivo.
iv) Presentación de un esquema genérico de respuesta a las alarmas para un gran evento público.

E. Trabajo de laboratorio

Verificación de una alarma de radiación en una multitud.

F. Lecturas recomendadas

INSTITUTO INTERREGIONAL DE LAS NACIONES UNIDAS PARA INVESTIGACIONES SOBRE LA DELINCUENCIA Y LA JUSTICIA, OFICINA DE LAS NACIONES UNIDAS CONTRA LA DROGA Y EL DELITO, OFICINA EUROPEA DE POLICÍA, ORGANISMO INTERNACIONAL DE ENERGÍA ATÓMICA, ORGANIZACIÓN DE AVIACIÓN CIVIL INTERNACIONAL, ORGANIZACIÓN INTERNACIONAL DE POLICÍA CRIMINAL–INTERPOL, ORGANIZACIÓN MUNDIAL DE ADUANAS, *Recomendaciones de Seguridad Física Nuclear sobre Materiales Nucleares y otros Materiales Radiactivos no Sometidos a Control Reglamentario, Colección de Seguridad Física Nuclear del OIEA* Nº 15, OIEA, Viena, 2012.

EUROPEAN POLICE OFFICE, INTERNATIONAL ATOMIC ENERGY AGENCY, INTERNATIONAL POLICE ORGANIZATION, WORLD CUSTOMS ORGANIZATION, Combating Illicit Trafficking in Nuclear and Other Radioactive Material, IAEA Nuclear Security Series No. 6, IAEA, Vienna (2007).

AGENCIA PARA LA ENERGÍA NUCLEAR DE LA OCDE, COMISIÓN PREPARATORIA DE LA ORGANIZACIÓN DEL TRATADO DE PROHIBICIÓN COMPLETA DE LOS ENSAYOS NUCLEARES, OFICINA DE COORDINACIÓN DE ASUNTOS HUMANITARIOS DE LAS NACIONES UNIDAS, ORGANISMO INTERNACIONAL DE ENERGÍA

ATÓMICA, ORGANIZACIÓN DE AVIACIÓN CIVIL INTERNACIONAL, ORGANIZACIÓN DE LAS NACIONES UNIDAS PARA LA ALIMENTACIÓN Y LA AGRICULTURA, ORGANIZACIÓN INTERNACIONAL DEL TRABAJO, ORGANIZACIÓN INTERNACIONAL DE POLICÍA CRIMINAL (INTERPOL), ORGANIZACIÓN MARÍTIMA INTERNACIONAL, ORGANIZACIÓN METEOROLÓGICA MUNDIAL, ORGANIZACIÓN MUNDIAL DE LA SALUD, ORGANIZACIÓN PANAMERICANA DE LA SALUD, PROGRAMA DE LAS NACIONES UNIDAS PARA EL MEDIO AMBIENTE, *Preparación y respuesta para casos de emergencia nuclear o radiológica, Colección de Normas de Seguridad del OIEA* Nº GSR Part 7, OIEA, Viena, 2018.

OFICINA DE COORDINACIÓN DE ASUNTOS HUMANITARIOS DE LAS NACIONES UNIDAS, OFICINA INTERNACIONAL DEL TRABAJO, ORGANISMO INTERNACIONAL DE ENERGÍA ATÓMICA, ORGANIZACIÓN DE LAS NACIONES UNIDAS PARA LA AGRICULTURA Y LA ALIMENTACIÓN, ORGANIZACIÓN MUNDIAL DE LA SALUD, ORGANIZACIÓN PANAMERICANA DE LA SALUD, *Disposiciones de preparación para emergencias nucleares o radiológicas, Colección de Normas de Seguridad del OIEA* Nº GS-G-2.1, OIEA, Viena, 2010.

OFICINA INTERNACIONAL DEL TRABAJO, ORGANISMO INTERNACIONAL DE ENERGÍA ATÓMICA, ORGANIZACIÓN DE LAS NACIONES UNIDAS PARA LA ALIMENTACIÓN Y LA AGRICULTURA, ORGANIZACIÓN MUNDIAL DE LA SALUD, ORGANIZACIÓN PANAMERICANA DE LA SALUD, *Criterios aplicables a la preparación y respuesta a situaciones de emergencia nuclear o radiológica, Colección de Normas de Seguridad del OIEA* Nº GS-G-2, OIEA, Viena, 2013.

INTERNATIONAL ASSOCIATION OF FIRE AND RESCUE SERVICES, PAN AMERICAN HEALTH ORGANIZATION, INTERNATIONAL ATOMIC ENERGY AGENCY, WORLD HEALTH ORGANIZATION, Manual for First Responders to a Radiological Emergency, EPR–First Responders 2006, IAEA, Vienna (2006).

ORGANISMO INTERNACIONAL DE ENERGÍA ATÓMICA (Viena).

Generic Procedures for Monitoring in a Nuclear or Radiological Emergency, IAEA-TECDOC-1092 (1999).

Generic Procedures for Assessment and Response during a Radiological Emergency, IAEA-TECDOC-1162 (2000).

Método para elaborar disposiciones de respuesta a emergencias nucleares o radiológicas, EPR-METHOD 2003, 2009.

Código de Conducta sobre la Seguridad Tecnológica y Física de las Fuentes Radiactivas, 2004.

Clasificación de las fuentes radiactivas, Colección de Normas de Seguridad del OIEA Nº RS-G-1.9, 2009.

Technical and Functional Specifications for Border Monitoring Equipment, IAEA Nuclear Security Series No. 1 (2006).

Nuclear Security Measures at the XV Pan American Games: Rio de Janeiro 2007 (2009).

Comunicación con el público en caso de emergencia nuclear o radiológica, EPR-Public Communications 2012, 2013.

Sistemas y medidas de seguridad física nuclear para grandes eventos públicos, Colección de Seguridad Física Nuclear del OIEA Nº 18, 2018.

Sistemas y medidas de seguridad física nuclear para la detección de material nuclear y otro material radiactivo no sometido a control reglamentario, Colección de Seguridad Física Nuclear del OIEA Nº 21, 2020.

Método para la elaboración de una estrategia y un plan de comunicación para casos de emergencia nuclear o radiológica, EPR–Public Communication Plan 2015, 2016.

Reglamento para el Transporte Seguro de Materiales Radiactivos - Edición de 2018, Colección de Normas de Seguridad del OIEA Nº SSR-6 (Rev. 1), 2019.

Seguridad física de los materiales radiactivos durante su uso y almacenamiento y de las instalaciones conexas, Colección de Seguridad Física Nuclear del OIEA Nº 11-G (Rev. 1), 2022.

Evaluación nacional de amenazas para la seguridad física nuclear, amenazas base de diseño y declaraciones de amenazas representativas, Colección de Seguridad Física Nuclear del OIEA Nº 10-G (Rev. 1), 2022.

ORGANISMO INTERNACIONAL DE ENERGÍA ATÓMICA, ORGANIZACIÓN INTERNACIONAL DE POLICÍA CRIMINAL-INTERPOL, *Enfoque basado en el conocimiento de los riesgos en materia de medidas de seguridad física nuclear para los materiales nucleares y otros materiales radiactivos no sometidos a control reglamentario, Colección de Seguridad Física Nuclear del OIEA* Nº 24-G, OIEA, Viena, 2022.

ORGANISMO INTERNACIONAL DE ENERGÍA ATÓMICA, ORGANIZACIÓN INTERNACIONAL DE POLICÍA CRIMINAL–INTERPOL, INSTITUTO INTERREGIONAL DE LAS NACIONES UNIDAS PARA INVESTIGACIONES SOBRE LA DELINCUENCIA Y LA JUSTICIA, *Gestión de la escena de un delito radiológico, Colección de Seguridad Física Nuclear del OIEA* Nº 22-G, OIEA, Viena, 2019.

INTERNATIONAL ATOMIC ENERGY AGENCY, WORLD HEALTH ORGANIZATION, Generic Procedures for Medical Response during a Nuclear or Radiological Emergency, EPR–MEDICAL 2005, IAEA, Vienna (2005).

NSE14. GESTIÓN DEL LUGAR DEL DELITO RADIOLÓGICO

A. Breve descripción

Los dos principales objetivos de este módulo son ofrecer una introducción a la gestión del lugar del delito radiológico y ayudar a realizar el consiguiente análisis forense nuclear. Se presentarán las herramientas, las técnicas y los métodos disponibles de la criminalística tradicional. En particular, el módulo se centra en el proceso de análisis forense, que puede contribuir decisivamente a la investigación y el enjuiciamiento de delitos relacionados con materiales nucleares y radiactivos. Se presentarán y examinarán los principios básicos de la criminalística nuclear y la interpretación forense nuclear. El módulo incluirá conferencias en materia de cooperación internacional, los principios de la respuesta a incidentes y un modelo de plan de acción de criminalística nuclear.

B. Objetivos del aprendizaje

Tras finalizar este módulo con éxito, el alumno estará familiarizado con la investigación del lugar del delito radiológico y su relación con el proceso de análisis forense nuclear. El alumno podrá identificar los elementos básicos de la gestión del lugar del delito, la recogida de pruebas y técnicas forenses que ofrecen perspectivas sobre los métodos de producción y los orígenes de los materiales radiactivos ilícitos. El alumno, tras entender los principios de la gestión del lugar del delito radiológico, incluidos los métodos tradicionales de investigación y el uso de inteligencia, tendrá conocimiento de consideraciones de criminalística nuclear.

C. Esquema del módulo

1. Introducción a la criminalística tradicional
    - 1.1. Técnicas y métodos relacionados con el lugar del delito
    - 1.2. Pruebas forenses tradicionales
2. Lugar del delito radiológico: organización y fases fundamentales
    - 2.1. Realización de las operaciones
        - 2.1.1. Dotar de seguridad el lugar del incidente
        - 2.1.2. Participación del órgano regulador nacional
        - 2.1.3. Mediciones *in situ*
            - 2.1.3.1. Clasificación
        - 2.1.4. Recogida de pruebas tradicionales y radiactivas
        - 2.1.5. Disposiciones para la manipulación segura de los materiales radiactivos
        - 2.1.6. Cadena de custodia
    - 2.2. Criminalística tradicional relativa a un lugar del delito radiológico
        - 2.2.1. Huellas dactilares en tinta y latentes
        - 2.2.2. Toxicología y entomología forense
        - 2.2.3. Serología, análisis del ADN nuclear y mitocondrial
        - 2.2.4. Criminalística de impresiones: armas de fuego, marcas de herramientas y huellas de calzado y neumáticos
        - 2.2.5. Análisis documental y pruebas digitales
    - 2.3. Recogida de pruebas en incidentes radiológicos
        - 2.3.1. Materiales radiactivos aprehendidos en tránsito
        - 2.3.2. Rango de material de un posible dispositivo de dispersión radiactiva (DDR) y sus usos legítimos
        - 2.3.3. Trazas tradicionales contaminadas radiológicamente y pruebas de material a granel en un suceso de dispersión radiológica
        - 2.3.4. Manipulación de muestras
    - 2.4. Estudio final y liberación del lugar
    - 2.5. Lugares que contienen pruebas
    - 2.6. Transporte de las pruebas
    - 2.7. Tratamiento de casos por los órganos nacionales
3. Plan de examen forense y plan de análisis forense nuclear
    - 3.1. Plan de examen forense

3.1.1. Investigaciones que han de preverse en el laboratorio especializado nacional de criminalística nuclear

3.1.2. Muestreo y distribución de los materiales

3.2. Plan de análisis forense nuclear

3.2.1. Consideración de los análisis forenses tradicionales

3.3. Introducción al análisis forense nuclear

3.3.1. Análisis forense de los materiales nucleares y otros materiales radiactivos aprehendidos

3.3.2. Categorización

3.3.3. Caracterización

3.4. Interpretación forense nuclear

3.5. Sistemas nacionales para la identificación de materiales nucleares y otros materiales radiactivos no sometidos a control reglamentario, como una biblioteca nacional de criminalística nuclear

3.6. Conclusiones de criminalística nuclear

3.6.1. Fiabilidad de las conclusiones

3.6.2. Comunicación de las conclusiones de criminalística nuclear a las autoridades encargadas de hacer cumplir la ley y a las autoridades competentes

D. Ejercicios

i) Ejemplos de pruebas forenses tradicionales.
ii) Ejemplos de plan de análisis forense.
iii) Ejercicio de simulación: Transporte y almacenamiento de pruebas.

E. Trabajo de laboratorio

i) Determinación del origen de los materiales radiactivos y su método de producción.

F. Lecturas recomendadas

EUROPEAN POLICE OFFICE, INTERNATIONAL ATOMIC ENERGY AGENCY, INTERNATIONAL POLICE ORGANIZATION, WORLD CUSTOMS ORGANIZATION, Combating Illicit Trafficking in Nuclear and Other Radioactive Material, IAEA Nuclear Security Series No. 6, IAEA, Vienna (2007).

ORGANISMO INTERNACIONAL DE ENERGÍA ATÓMICA (Viena).

Advances in Destructive and Non-destructive Analysis for Environmental Monitoring and Nuclear Forensics (Proc. Int. Conf. Karlsruhe, 2002) (2003).

Identificación de fuentes y dispositivos radiactivos, *Colección de Seguridad Física Nuclear del OIEA* Nº 5, 2009.

Application of Nuclear Forensics in Combating Illicit Trafficking of Nuclear and Other Radioactive Material, IAEA-TECDOC-1730 (2014).

Criminalística nuclear en apoyo de las investigaciones, *Colección de Seguridad Física Nuclear* Nº 2-G (Rev. 1), 2022.

Identification of High Confidence Nuclear Forensics Signatures, IAEA-TECDOC-1820 (2017).

Development of a National Nuclear Forensics Library: A System for the Identification of Nuclear or Other Radioactive Material out of Regulatory Control (2018).

ORGANISMO INTERNACIONAL DE ENERGÍA ATÓMICA, ORGANIZACIÓN INTERNACIONAL DE POLICÍA CRIMINAL–INTERPOL, INSTITUTO INTERREGIONAL DE LAS NACIONES UNIDAS PARA INVESTIGACIONES SOBRE LA DELINCUENCIA Y LA JUSTICIA, *Gestión de la escena de un delito radiológico*, *Colección de Seguridad Física Nuclear del OIEA* Nº 22-G, OIEA, Viena, 2019.

NSE15. ANÁLISIS FORENSE NUCLEAR

A. Breve descripción

En este módulo sobre el análisis forense nuclear figuran descripciones de herramientas analíticas y su aplicación dentro del análisis criminalístico nuclear. Además, se hace hincapié en los métodos de muestreo y distribución de un laboratorio de criminalística nuclear, así como en la elaboración de planes analíticos. Se dedicará tiempo considerable a la interpretación de las conclusiones de criminalística nuclear y a métodos de calidad de los datos dirigidos a mejorar la fiabilidad de las conclusiones del análisis.

B. Objetivos del aprendizaje

Tras finalizar este módulo con éxito, el alumno tendrá un conocimiento sólido de la realización de análisis forense nuclear que presten apoyo a la investigación de sucesos relacionados con la seguridad física nuclear, como tecnologías, herramientas y procedimientos pertinentes.

C. Esquema del módulo

1. Elementos de introducción a la criminalística nuclear
    - 1.1. Materiales nucleares y otros materiales radiactivos
    - 1.2. Efectos de la producción y el tratamiento de materiales nucleares y otros materiales radiactivos en rasgos específicos (rasgos físicos, químicos e isotópicos)
        - 1.2.1. Separación y enriquecimiento de uranio
        - 1.2.2. Reactores nucleares y producción de plutonio
        - 1.2.3. Operaciones del ciclo del combustible nuclear
        - 1.2.4. Amenaza de dispositivos nucleares y radiológicos explosivos
        - 1.2.5. Aplicaciones nucleares en la medicina, la industria y la investigación
2. Principios y prácticas de la química radioanalítica
    - 2.1. Disolución de sólidos
    - 2.2. Portadores y trazadores en el análisis inorgánico
    - 2.3. Propiedades químicas y físicas pertinentes
    - 2.4. Técnicas analíticas para rasgos forenses
        - 2.4.1. Separación y purificación de radionucleidos
        - 2.4.2. Métodos normalizados de la química radioanalítica
3. Proceso iterativo de criminalística nuclear
    - 3.1. Elaboración de un plan de examen forense y un plan analítico de criminalística nuclear conforme a los requisitos
    - 3.2. Elaboración de hipótesis (bases de conocimiento de casos, material archivado, otros expertos)
    - 3.3. Análisis (material radiactivo y criminalística tradicional)
    - 3.4. Interpretación y exclusión
    - 3.5. Comunicación de las conclusiones de criminalística nuclear
    - 3.6. Fiabilidad de las conclusiones de criminalística nuclear
4. Plan de análisis criminalístico y plan de análisis criminalístico nuclear
    - 4.1. Elaboración de un plan de análisis criminalístico
        - 4.1.1. Pruebas tradicionales contaminadas con radionucleidos
        - 4.1.2. Análisis criminalístico nuclear
        - 4.1.3. Muestreo y distribución

4.2. Elaboración de un plan analítico de criminalística nuclear
4.3. Laboratorio de criminalística nuclear
4.4. Calendario para la finalización del análisis (por ejemplo, 24 horas, una semana, dos meses)
 4.4.1. Resultados previstos en cada período
5. Análisis forense nuclear
 5.1. Objetivos de la categorización
 5.2. Objetivos de la caracterización
 5.3. Presentación de las herramientas analíticas disponibles para la criminalística nuclear
  5.3.1. Tipo de información proporcionada
  5.3.2. Límite de detección típico
  5.3.3. Resolución espacial
 5.4. Análisis no destructivo seguido de técnicas y métodos de análisis destructivo
  5.4.1. Análisis radiológico (actividad total estimada, tasa de dosis (dosis resultante de radiación alfa, beta, gamma, neutrónica), contaminación superficial)
  5.4.2. Análisis físico (inspección visual, radiografía, fotografía, peso, dimensiones, microscopia óptica, densidad)
   5.4.2.1. Análisis isotópico (espectrometría gamma, espectrometría alfa)
   5.4.2.2. Espectrometría de masas
   5.4.2.3. Análisis elemental y químico
  5.4.3. Análisis de partículas
  5.4.4. Criminalística tradicional (huellas dactilares, fibras)
  5.4.5. Otras técnicas
6. Interpretación forense nuclear
 6.1. Métodos y rasgos forenses
  6.1.1. Enfoque empírico mediante el análisis sistemático de materiales nucleares y radiactivos
  6.1.2. Modelización basada en la química y la física de los procesos nucleares
  6.1.3. Radiocronometría e interpretación de rasgos
  6.1.4. Interpretación de otros rasgos, como rasgos morfológicos, oligoelementos e isótopos menores (por ejemplo, ^{236}U)
 6.2. Base de conocimientos de los procesos del ciclo del combustible nuclear
  6.2.1. Material archivado
  6.2.2. Bibliografía de dominio público
  6.2.3. Literatura de distribución reservada

6.2.4. Bibliotecas y bases de datos nacionales de criminalística nuclear
6.2.5. Intercambio de información en el ámbito de la criminalística nuclear
6.2.6. Cooperación con otros laboratorios de criminalística nuclear

7. Fiabilidad de las conclusiones de criminalística nuclear
    7.1. Objetivos de calidad de los datos analíticos
    7.2. Sistemas de calidad
        7.2.1. Régimen de control de la calidad
        7.2.2. Acreditación de laboratorios
    7.3. Material de referencia certificado
        7.3.1. Análisis de las normas conocidas
    7.4. Precisión y exactitud
    7.5. Determinación de incertidumbres
    7.6. Estado de la práctica
    7.7. Métodos validados y aceptados
        7.7.1. Procedimientos y protocolos escritos
    7.8. Competencia demostrada y examen por homólogos
8. Comunicación de las conclusiones de criminalística nuclear
    8.1. Evaluación de la procedencia
    8.2. Comunicación de las conclusiones a las autoridades encargadas de hacer cumplir la ley y las autoridades competentes
    8.3. Consideraciones jurídicas
        8.3.1. Normas de pruebas
        8.3.2. Documentación
            8.3.2.1. Cadena de custodia
            8.3.2.2. Notas de los casos y registros de comunicación
        8.3.3. Confidencialidad
        8.3.4. Cualificación de los expertos
9. Cooperación internacional
    9.1. Grupo de Trabajo Técnico Internacional sobre Investigación Forense Nuclear (ITWG)
    9.2. Iniciativa Mundial de Lucha contra el Terrorismo Nuclear (IMLTN)
    9.3. Ejercicios de criminalística entre laboratorios
    9.4. Establecimiento de mecanismos bilaterales y multilaterales para solicitar, recibir y prestar asistencia en materia de criminalística nuclear antes de una investigación

D. Ejercicios

i) Propuesta de una serie de ejercicios relacionados con la aprehensión de material ubicado en un contenedor:

— muestreo del material aprehendido, tomado de la superficie del contenedor aprehendido;
— elaboración de un plan analítico;
— selección de instrumentos para el análisis de la muestra;
— análisis de la muestra;
— interpretación de los datos de los resultados del análisis;
— evaluación del origen y los antecedentes del material (incluido el uso de bases de datos), y
— comunicación de las conclusiones.

E. Trabajo de laboratorio

i) Uso de diversas herramientas analíticas para determinar la fuente de los materiales nucleares y radiactivos y su método de producción.

F. Lecturas recomendadas

EUROPEAN POLICE OFFICE, INTERNATIONAL ATOMIC ENERGY AGENCY, INTERNATIONAL POLICE ORGANIZATION, WORLD CUSTOMS ORGANIZATION, Combating Illicit Trafficking in Nuclear and Other Radioactive Material, IAEA Nuclear Security Series No. 6, IAEA, Vienna (2007).

ORGANISMO INTERNACIONAL DE ENERGÍA ATÓMICA (Viena).

Advances in Destructive and Non-destructive Analysis for Environmental Monitoring and Nuclear Forensics (Proc. Int. Conf. Karlsruhe, 2002) (2003).

Clasificación de las fuentes radiactivas, *Colección de Normas de Seguridad del OIEA* Nº RS-G-1.9, 2009.

Cantidades peligrosas de materiales radiactivos (valores D), EPR-D-VALUES 2006, 2010.

Identificación de fuentes y dispositivos radiactivos, *Colección de Seguridad Física Nuclear del OIEA* Nº 5, 2009.

Application of Nuclear Forensics in Combating Illicit Trafficking of Nuclear and Other Radioactive Material, IAEA-TECDOC-1730 (2014).

Criminalística nuclear en apoyo de las investigaciones, *Colección de Seguridad Física Nuclear* Nº 2-G (Rev. 1), 2022.

Identification of High Confidence Nuclear Forensics Signatures, IAEA-TECDOC-1820 (2017).

IAEA Response and Assistance Network, EPR–RANET 2018 (2018).

Seguridad física de los materiales radiactivos durante su uso y almacenamiento y de las instalaciones conexas, Colección de Seguridad Física Nuclear del OIEA Nº 11-G (Rev. 1), 2022.

ORGANISMO INTERNACIONAL DE ENERGÍA ATÓMICA, ORGANIZACIÓN INTERNACIONAL DE POLICÍA CRIMINAL–INTERPOL, INSTITUTO INTERREGIONAL DE LAS NACIONES UNIDAS PARA INVESTIGACIONES SOBRE LA DELINCUENCIA Y LA JUSTICIA, *Gestión de la escena de un delito radiológico, Colección de Seguridad Física Nuclear del OIEA* Nº 22-G, OIEA, Viena, 2019.

NSE16. RESPUESTA A INCIDENTES DE SEGURIDAD FÍSICA DE LA INFORMACIÓN Y SEGURIDAD INFORMÁTICA

A. Breve descripción

En este módulo se presenta a los alumnos el concepto de respuesta a incidentes de seguridad física de la información y de seguridad informática, incluidas todas las fases de la respuesta, el análisis, las políticas pertinentes y las funciones y responsabilidades de diversas partes interesadas en el proceso de respuesta.

B. Objetivos del aprendizaje

Tras finalizar este módulo con éxito, el alumno podrá elaborar planes de contingencia exhaustivos para incidentes de seguridad informática que pueden afectar a la seguridad nuclear tecnológica y física.

C. Esquema del módulo

1. Conceptos y contexto
   - 1.1. Definición de incidente de seguridad informática
   - 1.2. Panorama general de la respuesta a los incidentes
   - 1.3. Niveles de respuesta a los incidentes

2. Fases de la respuesta a los incidentes
   2.1. Preparación
   2.2. Detección y análisis
   2.3. Mitigación (contención, erradicación, recuperación)
   2.4. Actividad posterior al incidente
   2.5. Notificación
3. Análisis de incidentes
   3.1. Determinación de la gravedad de un incidente
   3.2. Impacto de los incidentes de seguridad informática en la seguridad
   3.3. Pérdida o puesta en peligro de información de carácter estratégico
   3.4. Análisis de la amenaza
   3.5. Caracterización técnica
4. Políticas, funciones y responsabilidades
   4.1. Políticas de respuesta a incidentes de seguridad informática
   4.2. Funciones y responsabilidades en la respuesta a incidentes de seguridad informática
   4.3. Elementos de un plan de respuesta a incidentes de seguridad informática
   4.4. Grupo de respuesta a incidentes de seguridad informática
   4.5. Procesos y procedimientos de la respuesta a incidentes de seguridad informática
5. Consideraciones especiales con respecto a los sistemas de control industrial

D. Ejercicios

i) Simulación: elaborar un plan de respuesta a un incidente de seguridad informática.
ii) Simulación: elaborar un plan de respuesta a un incidente de seguridad física de la información.

E. Trabajo de laboratorio

Para este módulo no se proponen trabajos de laboratorio.

F. Lecturas recomendadas

INTERNATIONAL ATOMIC ENERGY AGENCY, Computer Security Techniques for Nuclear Facilities, IAEA Nuclear Security Series No. 17-T (Rev. 1), IAEA, Vienna (en preparación).

ORGANISMO INTERNACIONAL DE ENERGÍA ATÓMICA, Planificación de la respuesta a incidentes de seguridad física informática en las instalaciones nucleares, 2018.

NSE17. REALIZACIÓN DE EVALUACIONES DE LA SEGURIDAD INFORMÁTICA

A. Breve descripción

En este módulo se exponen la metodología y la realización de la evaluación de actividades de seguridad física de la información y de la seguridad informática en las instalaciones nucleares.

B. Objetivos del aprendizaje

Tras finalizar este módulo con éxito, el alumno podrá demostrar conocimientos de la metodología para realizar evaluaciones de la seguridad informática en las instalaciones nucleares.

C. Esquema del módulo

1. Panorama general de la metodología y el proceso de evaluación
   - 1.1. Establecimiento de objetivos
   - 1.2. Principios rectores
   - 1.3. Ámbitos de evaluación
   - 1.4. Técnicas de evaluación
   - 1.5. Consideraciones sobre la seguridad física de la información
2. Actividades preparatorias
   - 2.1. Determinación del alcance del examen
   - 2.2. Actividades preparatorias
   - 2.3. Creación de un grupo de evaluación
   - 2.4. Calendario de actividades de la misión
3. Metodología de evaluación
   - 3.1. Evaluación de la seguridad informática
     - 3.1.1. Análisis prescriptivo y del cumplimiento
     - 3.1.2. Análisis del desempeño
   - 3.2. Matriz de evaluación
4. Evaluación de los ámbitos de seguridad física
   - 4.1. Política de seguridad física
   - 4.2. Gestión de la seguridad informática

4.3. Gestión de activos
4.4. Seguridad física de los recursos humanos
4.5. Protección física
4.6. Gestión de las comunicaciones y las operaciones
4.7. Controles de acceso informático
4.8. Adquisición, desarrollo y mantenimiento de sistemas informáticos
4.9. Gestión de los incidentes de seguridad informática
4.10. Gestión de la continuidad
5. Evaluación y actividades posteriores a la evaluación
5.1. Elaboración del informe final
5.2. Tendencias de la evaluación
5.3. Análisis de los resultados

D. Ejercicios

i) planificar una evaluación de la seguridad informática, y
ii) realización de actividades de evaluación de la seguridad informática.

E. Trabajo de laboratorio

Para este módulo no se proponen trabajos de laboratorio.

F. Lecturas recomendadas

INTERNATIONAL ATOMIC ENERGY AGENCY, Computer Security Techniques for Nuclear Facilities, IAEA Nuclear Security Series No. 17-T (Rev. 1), IAEA, Vienna (en preparación).

ORGANISMO INTERNACIONAL DE ENERGÍA ATÓMICA, Evaluación de la seguridad física informática en las instalaciones nucleares, 2018.

Anexo II

PROPUESTAS DE MÓDULOS PARA UN PLAN DE ESTUDIOS DE UN PROGRAMA DE CERTIFICACIÓN EN SEGURIDAD FÍSICA NUCLEAR

II-1. La propuesta de programa de certificación en seguridad física nuclear se diferencia fundamentalmente del plan de estudios del programa de maestría en cuanto al volumen de información que se imparte durante el programa, los objetivos de aprendizaje y el número de cursos o módulos ofrecidos. En general, mientras que se espera que los alumnos de maestría demuestren conocimientos y dominio en profundidad de una amplia variedad de temas en la esfera de la seguridad física nuclear, puede que quienes obtienen un certificado solo tengan que conocer la importancia, la profundidad y la amplitud de este ámbito, familiarizarse con estos temas para otorgarles la prioridad debida al ejercer sus funciones principales e inculcar en sus organizaciones una buena cultura de la seguridad física nuclear.

II-2. No obstante, es importante velar por que se presente a los participantes en los programas de certificado cada uno de los aspectos de la seguridad física nuclear, al menos de forma sucinta, para facilitar esta amplitud de conocimientos. Para ello, el instructor puede utilizar los esquemas básicos de los módulos de enseñanza que se presentan en el Anexo I y adaptar el alcance de cada módulo al calendario asignado, combinar módulos cuando sea necesario y diseñar módulos teniendo presente el ulterior objetivo de aprendizaje del programa de certificado. En función de la prioridad, las necesidades programáticas y los reglamentos de las instituciones educativas, la duración de los programas de certificación puede ir de 1 y 2 a 14 a 16 semanas. Por lo tanto, cada institución que decida establecer ese tipo de programa de certificación en el ámbito de la seguridad física nuclear puede utilizar este modelo de plan de estudios para diseñar el programa que mejor se adapte a sus necesidades precisas.

II-3. Teniendo en cuenta los factores antes expuestos, un programa teórico de certificación en seguridad física nuclear puede basarse en el esquema siguiente:

1. Introducción a la seguridad física nuclear
    - 1.1. Interrelación de la seguridad física nuclear con la seguridad tecnológica y las salvaguardias
    - 1.2. Marco jurídico y regulador de la seguridad física nuclear
    - 1.3. Enfoque basado en el conocimiento de los riesgos en materia de seguridad física nuclear: prevención, detección y respuesta

1.4. Gestión de la seguridad física nuclear
    1.4.1. Cooperación internacional y nacional con partes interesadas en la esfera de la seguridad física nuclear
    1.4.2. El factor humano en la seguridad física nuclear
        1.4.2.1. Cultura de la seguridad física nuclear
        1.4.2.2. Prevención y protección frente a amenazas de agentes internos
        1.4.2.3. Desarrollo de recursos humanos
    1.4.3. Seguridad física de la información

2. Protección del material, las instalaciones y las actividades
    2.1. Evaluación de la amenaza y la vulnerabilidad con respecto a los materiales nucleares y otros materiales radiactivos, y las instalaciones y actividades conexas
        2.1.1. Amenaza base de diseño
    2.2. Principios y sistemas de protección física (diseño, evaluación, tecnologías, equipo)
    2.3. Contabilidad y control de materiales nucleares en aras de la seguridad física nuclear
    2.4. Seguridad física de materiales nucleares y otros materiales radiactivos durante su transporte
    2.5. Seguridad informática en pro de un mundo nuclear

3. Detección de sucesos relacionados con la seguridad física nuclear en los que haya de por medio materiales nucleares y otros materiales radiactivos no sometidos a control reglamentario y respuesta a estos
    3.1. Detección de actos delictivos y otros actos no autorizados relacionados con materiales nucleares y otros materiales radiactivos no sometidos a control reglamentario
        3.1.1. Evaluación de la amenaza con respecto a los materiales nucleares y otros materiales radiactivos no sometidos a control reglamentario
        3.1.2. Arquitectura nacional de detección
        3.1.3. Seguridad física nuclear en grandes eventos públicos
    3.2. Respuesta a los actos delictivos y otros actos no autorizados relacionados con los materiales nucleares y otros materiales radiactivos no sometidos a control reglamentario
        3.2.1. Plan nacional de respuesta
        3.2.2. Medidas de respuesta
        3.2.3. Gestión del lugar del delito radiológico
        3.2.4. Análisis forense nuclear

IAEA

Organismo Internacional de Energía Atómica

Nº 26

PEDIDOS DE PUBLICACIONES

Las publicaciones de pago del OIEA pueden adquirirse a través de los proveedores que se indican a continuación o en las principales librerías locales.

Los pedidos de publicaciones gratuitas deben hacerse directamente al OIEA. Al final de la lista de proveedores se proporcionan los datos de contacto.

AMÉRICA DEL NORTE

Bernan / Rowman & Littlefield
15250 NBN Way, Blue Ridge Summit, PA 17214, EE. UU.
Teléfono: +1 800 462 6420 • Fax: +1 800 338 4550
Correo electrónico: orders@rowman.com • Sitio web: www.rowman.com/bernan

Renouf Publishing Co. Ltd
22-1010 Polytek Street, Ottawa, ON K1J 9J1, CANADÁ
Teléfono: +1 613 745 2665 • Fax: +1 613 745 7660
Correo electrónico: order@renoufbooks.com • Sitio web: www.renoufbooks.com

RESTO DEL MUNDO

Póngase en contacto con su proveedor local de preferencia o con nuestro distribuidor principal:

Eurospan Group
Gray's Inn House
127 Clerkenwell Road
Londres EC1R 5DB
Reino Unido

Pedidos comerciales y consultas:
Teléfono: +44 (0)176 760 4972 • Fax: +44 (0)176 760 1640
Correo electrónico: eurospan@turpin-distribution.com

Pedidos individuales:
www.eurospanbookstore.com/iaea

Para más información:
Teléfono: +44 (0)207 240 0856 • Fax: +44 (0)207 379 0609
Correo electrónico: info@eurospangroup.com • Sitio web: www.eurospangroup.com

Los pedidos de publicaciones, tanto de pago como gratuitas, pueden enviarse directamente a:

Dependencia de Mercadotecnia y Venta
Organismo Internacional de Energía Atómica
Vienna International Centre, PO Box 100, 1400 Viena, Austria
Teléfono: +43 1 2600 22529 o 22530 • Fax: +43 1 26007 22529
Correo electrónico: sales.publications@iaea.org • Sitio web: https://www.iaea.org/es/publicaciones

23-01473S-T

FSC
www.fsc.org
MIX
Papier | Fördert gute Waldnutzung
FSC® C083411

Kolibri 360 GmbH
Ferdinand-Jühlke-Straße 7
99095 Erfurt, Deutschland
produktsicherheit@kolibri360.de